Frieslands stolze Pferde

Inge Thelen

Cadmos

FOTOS:
GITTA GESING: SEITE 15, 17(1), 17(2), 20, 21(1), 21(2), 23, 24(1), 28(1), 28(2), 30, 31(2), 32, 33, 34(2), 34(3), 39(3), 39(4), 40(4), 40(3), 40(2), 46(2), 47(1), 49(1), 49(2), 54(1), 55(2), 56(1), 56(2), 57(1), 57(2), 59(1), 59(2).

DEISUKE SCHNEIDER: UMSCHLAGBILDER, SEITE 4, 7, 8, 12, 13, 14, 17(3), 22(1), 22(2), 24(3), 29, 31(1), 34(1), 39(1), 40(1), 41(3), 41(1), 41(2), 42(1), 46(1), 47(2), 47(3), 48, 55(1).
ALLE FOTOS AUFGENOMMEN IM GESTÜTHERBERATH, GÜNTHER FRÖHLICH.

LIDA JAHN-MICEK: SEITE 11/12, 18/19, 26/27, 36/37, 44/45, 46(3) 50, 51(1), 52/53.

ELKE BERG: SEITE 31(1)

INGE THELEN: SEITE 38(1), 38(2)

L. KOOISTRA: SEITE 43(1)

J.D. DE JONG: SEITE 16, 39(2).

GESTALTUNG: RAVENSTEIN BRAIN POOL, VÖLKERSEN
LITHOGRAFIE: M&S, RENDSBURG
DRUCK: WESTERMANN DRUCK ZWICKAU

ISBN 3-86127-303-9

Inhalt

VON DER FASZINATION EINER PFERDERASSE

Ein solches Pferd kennt man allenfalls von Bildern Breughels - ein riesiges Roß mit wallender, fast bodenlanger Mähne, so riesig, daß es eher der Phantasie entstiegen schien, als der Wirklichkeit...

So schrieb ein Reporter der lokalen Presse 1994 nach einer Begegnung mit meinem Friesenhengst *Piebe* anläßlich eines Rasseschautages. Und genauso war es mir ergangen, als ich vor dreißig Jahren seinem Vater *Freark* gegenüberstand.

Pferde waren schon von Kindesbeinen an meine große Liebe. Kaum den Windeln entwachsen, begann ich, mich in ihrer Nähe herumzutreiben. Zum Leidwesen meiner Eltern. Nicht nur, daß so ein großes Tier vorne beißen und hinten treten kann, nein, sie bekamen mich kaum noch zu Gesicht. An meinem Stallgeruch konnte man aber sofort erriechen, wo ich gewesen war, außerdem verrieten mich immer Strohspuren an meiner Kleidung. Auch meine schulischen Leistungen tendierten gegen Null. Mutter weinte - Vater schimpfte. Der Ausweg aus der Miesere war goldrichtig: Ich bekam eine Zehnerkarte für den Reitunterricht. So wurde meine Pferdeleidenschaft in geordnete Bahnen geleitet: Donnerstags von drei bis vier.

Wahrscheinlich wäre das für mich als Stadtmensch auch der einzige Kontakt zu Pferden geblieben, wenn da nicht von meinen Eltern her die Begeisterung für den Wassersport gewesen wäre.

Ihr Hobby brachte uns nach Westfriesland, einem idealen Segelrevier. Zuerst zelteten wir, später kauften wir ein kleines Häuschen und für meine Eltern gab es nichts Schöneres, als auf dem Heeger Meer mit ihrer Jolle zu kreuzen.

Und wo war ich? Ich wurde zum perfekten Landkind, half beim Melken, arbeitete bei der Heuernte mit und besonders stolz war ich, wenn ich die Bovenlanderstute *Nelly* unseres Bauern anspannen und lenken durfte. Friesenpferde gab es keine im Dorf.

In den kleinen friesischen Dörfern ist es alte Tradition, jeden Sommer ein Dorffest zu feiern. Zur Eröffnung sollte ein feierlicher Umzug stattfinden, natürlich auch mit Pferden. Da wollte ich mit *Nelly* mitmachen. Doch ich benötigte dringend einen Sattel, denn *Nellys* kurzer Trab war nur mit großer Mühe auszusitzen. Wir überlegten hin und her, bis uns jemand den Tip gab, einen Bauern zu fragen, dessen Sohn bei den Ländlichen Reitern Mitglied war. Also nichts wie hin! Man kam ins Gespräch: „Wir haben auch einen Deckhengst. Möchtest du ihn sehen?" Klar wollte ich!

Und dann wurde ein staubiges Pferd mit ungepflegten Hufen an einem Kälberstrick auf den Hof geführt - *Freark*!

Er war schwarz wie die Nacht. Das lockige Haar fiel ihm über die großen braunen Augen und reichte bis an die geblähten Nüstern. Der volle Schweif berührte fast den Boden und der Kötenbehang war so dicht, daß es aussah, als trüge er Pantoffeln. Jeder Muskel seines Körpers war angespannt, der gewaltige Hals war anmutig gewölbt und er blickte mich mit einem Ausdruck von Wildheit und Sanftheit zugleich an.

Es war der Stolz dieses Hengstes, der mich gefangennahm, etwas in seinem Auftreten, daß ich noch nie bei einem anderen Pferd erlebt hatte - die Faszination des Friesenpferdes! Seit diesem Tag kam ich nie wieder von dieser Rasse los.

1976 war es dann endlich soweit, daß ich mir ein Friesenpferd leisten konnte. Ich hatte inzwischen mein Studium beendet, besaß eine feste Anstellung an einer ländlichen Grundschule und hatte auch ein Domizil gefunden - eine uralte, einsame Wassermühle im Bergischen Land. Es lebten sogar schon Pferde dort - ein Vollblutaraber, ein Shettlandpony und eine arabische Vollblutstute. Und dann kam *Gerke*, ein *Jarich*-Sohn. Fünf Jahre lang war er Botschafter seiner Rasse. Vielen Menschen, die ihn erlebten, vermittelte ich ebenfalls Friesenpferde aus Holland.

Dann starb *Gerke* plötzlich und unerwartet. *Freark* war inzwischen aus der Zucht ausgeschieden und erhielt sein Gnadenbrot bei seinem früheren Besitzer. Es war immer mein Traum gewesen, diesen ersten Friesen in meinem Leben zu besitzen. Leider erhielt ich eine Absage. So zog dann *Piebe* bei uns ein, sein Sohn. Mit zunehmendem Alter wurde er seinem Vater immer ähnlicher. Er hatte die Ausstrahlung von ihm geerbt. Selbst in seinem achtzehnten Lebensjahr passierte es immer wieder, daß Autofahrer anhielten, wenn sie ihn auf der Weide sahen und mich fragten, was denn das für ein Pferd sei.

Wir sind inzwischen noch einmal umgezogen und haben jetzt zusätzlich einen jungen Friesenhengst im Stall, *Tjerk von Oege*. Er ist fünf Jahre alt, wurde spanisch ausgebildet und liebt, genau wie *Piebe*, die Auftritte vor Publikum.

Ich kann mir nicht vorstellen, jemals ohne Friesenpferde zu leben.

Tjerk und Piebe, die beiden Friesen der Autorin.

Zur Geschichte des Friesenpferdes

Der Ursprung

Die Geschichte des Friesenpferdes ist - streng genommen - auch die Geschichte der holländischen Pferdezucht. Was man jahrelang als *Inländisches Pferd* bezeichnet hatte, war, mehr oder weniger rasserein, nichts anderes als das Friesische Pferd.

Die Friesen, die entlang der Nordseeküste siedelten, wurden schon von Tacitus als hervorragende Pferdezüchter gelobt. So weiß er zu berichten, daß die Kinder zur Hochzeit Pferde als Brautgabe erhielten. Die Kriegspferde, abstammend von alter germanischer Rasse, wurden als „mittelgroß und sehr stark und ausdauernd" beschrieben. Caesar dagegen bewertete vor allem das Temperament der Tiere ganz anders: Er berichtet, daß junge römische Legionäre sehr wohl in der Lage waren, mit den germanischen Pferden im Galopp Schritt zu halten.

Eine wichtige Quelle für den Ursprung des Friesenpferdes fand sich in Friesland selbst. Auf Erdhügeln, Terpen genannt, bauten die ersten Siedler ihre Häuser zum Schutz vor der See und Feinden.
Im Laufe der Jahrhunderte mußten sie immer weiter erhöht werden. Bei Ausgrabungen fand man neben den Resten von Hausrat ganz unten in der „Mistlage" auch einige Pferdeschädel, größere und kleinere. Aus Messungen an diesen Knochen wurde gefolgert, daß das Friesische Pferd schon im ersten Jahrhundert unserer Zeitrechnung existierte. Es war durch Kreuzung zwischen dem schweren Pferd (*Equus robustes*) und dem leichten Tarpantyp (*Equus orientalis*) entstanden.

Vermutlich liegt in allen Beschreibungen ein Funken Wahrheit. Wenn Caesar die germanischen Pferde als klein und unansehnlich beschrieben hat, obwohl die römischen Exemplare auch nur Ponygröße hatten, so waren sie sicherlich nicht gerade „von mittlerer Größe". Es ist jedoch anzunehmen, daß sich die germanischen Pferde auf den fruchtbaren Marschweiden entlang der Küste sehr gut entwickelten und im Laufe der Jahrzehnte auch ihren Typ veränderten. Wenn wir dann noch in einer Typisierung lesen, sie seien zwar nicht schnell, aber von außerordentlicher Ausdauer, nicht groß und schön, aber mit kräftigen, kurzen Gliedmaßen, mit großen Köpfen und plumpen Hufen, während der Schweif bis auf den Boden reicht und die Mähne in langen Strähnen rechts und links am Hals herabhängt - dann kann man doch darin den Urahn des heutigen Friesenpferdes ausmachen.

Im Mittelalter

Die eigentliche Pferdezucht entstand im Mittelalter. Mit der Entwicklung des Turniersports, mit dem sich der Adel überall eifrig vergnügte, stellte man große Ansprüche an Ausrüstung und Pferde. Ganz abgesehen davon, daß ein solches Ritterpferd eine Ausrüstung mit Reiter von ungefähr 250 Kilogramm schleppen mußte, wünschte man sich stattliche Pferde zum Repräsentieren. Zu jener Zeit unterschied man vier Pferdesorten:

- Das Streitroß
- Das Paradepferd
- Den Klepper
- Das Packpferd

Friesenpferde genossen einen guten Ruf als schöne und kräftige Kriegspferde.

Diese Einteilung wurde damals also nicht nach Rassen, sondern nach den Einsatzmöglichkeiten vorgenommen. Streitrosse kaufte man entlang der Nordseeküste in Dänemark, Holstein, Friesland, Holland, Flandern und der Normandie. Vor allem das Flämische Pferd war sehr gesucht und teuer.

Auch das Friesische Pferd genoß einen hervorragenden Ruf als kräftiges und stattliches Streitroß. Aus einer alten Überlieferung geht hervor, daß es sogar auf den Märkten in Münster (1276 n.Chr.) und in Köln (1251 n. Chr.) gehandelt wurde. Seine Zucht lag in jenen Zeiten hauptsächlich in den Händen von Mönchen. Friesland und das Groninger Umland gehörten damals zum Bistum Münster. Im Dom zu Münster ist ein Mauerbild zu sehen, auf dem dargestellt ist, wie die Friesen Sankt Paulus, dem Schutzpatron von Münster, Opfer darbringen. Neben Butter, Käse und einem Lamm erkennt man auch ein Pferd.

Im Mittelalter fand wahrscheinlich die erste Veredelung des Friesenpferdes mit orientalischem Blut statt. Aus langjährigen Kreuzzügen wurde reichlich Beute mitgebracht, darunter auch zahlreiche Pferde aus dem südlichen Mittelmeerraum.

Die schwarze Farbe des Friesischen Pferdes war damals besonders beliebt, obwohl sie keinesfalls ausschließlich vorkam. Solche Pferde wurden oft als königliches Geschenk ausgewählt. So erhielt

Das Streitroß im Mittelalter mußte ein stattliches Pferd zum Repräsentieren sein, das auch in der Lage war, eine Ritterrüstung samt Ritter von circa 250 Kilogramm zu tragen.

der Herzog von Parma 1586 auf Rechnung der Stadt Groningen sechs Pferde. Zeitweise war die Nachfrage so groß, daß Karl V. die Ausfuhr von Stuten verbieten mußte.

Obwohl schon 1338 das Schießpulver erfunden wurde, blieb man der traditionellen Kriegführung noch lange treu. Bis ins 16. Jahrhundert hinein kann man auf Gemälden von Soldaten und Reitern immer noch den alten, schweren Pferdetyp erkennen. Natürlich wurden auch Pferde von edlerem Blut gezüchtet. Das Züchten edler Pferde war große Mode und ein Zeichen hohen gesellschaftlichen Rangs. Im 16. Jahrhundert spielte das spanische Pferd überall an den prunkliebenden Höfen Europas eine bedeutende Rolle. Von den Berberpferden, die die Mauren im 8. Jahrhundert mit nach Spanien gebracht hatten, hatte es viel orientalisches Blut mitbekommen.

Zu dieser Zeit kamen spanische Hengste in großer Zahl - schließlich wurden damals nur Hengste geritten - nach Mitteleuropa und natürlich auch nach Holland. Sie beeinflußten viele Pferderassen und natürlich auch das Friesische Pferd. Von der spanischen Einkreuzung zeugen der edle Kopf, die ausdrucksvollen Augen und die Eignung zu erhabener Bewegung.

Der Andalusier, jahrhundertelang die bevorzugte Veredelungsrasse, zählt, wie sein naher Verwandter, der Friese, zu den Exoten.

Das spanische Pferd ließ auch den Neapolitaner entstehen, der wiederum den Grundstein für die Entwicklung des Kladruber- und des Lipizzanerpferdes legte. Hochedle Verwandschaft der Friesen, die ebenfalls dem im 18. Jahrhundert aufkommenden Kreuzungsfieber mit englischen Vollblut entsprungen waren. Das 17. Jahrhundert war die Glanzzeit des Neapolitanischen Pferdes. An allen Fürstenhöfen, die etwas auf sich hielten, wurde es wegen seiner hohen Knieaktion und seiner besonderen Gelehrsamkeit geschätzt und als Reitpferd für die Hohe Schule oder als Wagenpferd für Staatskarossen verwendet.

Aber auch für große, starke Pferde bestand Nachfrage. So gab der Kurfürst Wilhelm von Preußen 1624 den Befehl, vier starke Friesische Deckhengste für seine Stuten zu kaufen und noch 1690 deckte in Treptow ein schwarzer Friese, der allerdings drei Jahre später von einem Neapolitanerhengst abgelöst wurde. Auch das berühmte dänische Gestüt Frederiksborg führte im 17. Jahrhundert noch Friesische Hengste ein. 1771 kaufte das Gestüt Kladrub Friesische Hengste und sogar am Hofgestüt zu Salzburg setzte man sie zur Zucht ein.

Das heutige Friesenpferd hat sich im Laufe der Jahrhunderte kaum verändert.

Das 19. Jahrhundert

Mit der beginnenden Industrialisierung wurden Kutschen immer eleganter und zierlicher. Jetzt zeigte man sich seltener im Sattel als vielmehr in den Polstern prunkvoller Kutschen. Dafür brauchte man passende Pferde: Normanische, Dänische und Friesische Pferde. Sie hatten einen guten Ruf als flotte und elegante Traber. In dieser Zeit boomte der Trabrennsport und wurde in Holland und Friesland zum echten Volkssport. Daraus entwickelte sich sogar eine neue Pferderasse. Der russische Edelmann Graf Orlow-Tschemskoy zog aus einer Fredriksborger Stute und dem persischen Hengst Smetanka den Hengst Polkan. Dieser wiederum deckte eine holländische Hardtraberstute, die den Hengst Bars I. hervorbrachte. Bars I. begründete mit zwei Friesenstuten den Stammbaum der *Orlow-Traber.*

In Friesland existierte zwar noch kein Stammbuch für die Eintragung von Zuchtpferden. Es wurden jedoch von Zeit zu Zeit Vorschriften erlassen, die den Einsatz von Hengsten in der Zucht regelten. Dies wahrscheinlich weniger, um die friesische Rasse rein zu halten, vielmehr ging es um einen bestimmten Pferdetyp mit festgelegten Qualitäten.

Nach 1800 wurden sämtliche Bestrebungen, die Zucht der friesischen Rasse zu verbessern, fallen gelassen. Der Einfluß der reinen Friesenpferde wurde immer geringer, der Zuchtschwerpunkt lag nun beim *Oldenburger-Ostfriesen-Typ*. Der „platthufige Inländer“, meist von schwarzer Farbe mit grobem Behang, sollte „weggezüchtet“ werden. Er war zu dieser Zeit völlig aus der Mode geraten.

Während ausländische Pferdefachleute das alte Friesische Pferd hin und wieder noch lobend erwähnten, konnten Pferdezüchter in Friesland dem nur noch wenig abgewinnen. Die Mängelliste war lang: Sie klagten, die Pferde wären zu groß und zu dick, die Hufe waren ebenfalls groß und flach und damit für den Gebrauch auf hartem Straßenpflaster wenig geeignet.

Obwohl die Nachfrage nach Pferden groß war, konnte die Zucht in Friesland nicht davon profitieren. Schlechte Hengste kamen zum Einsatz. In Groningen hatte man der Versuchung nicht widerstanden, beste Zuchthengste für teures

Geld zu verkaufen. Einige große Friesische Pferde blieben zwar vom Ausverkauf verschont, jedoch bestand dafür selbst beim Militär keine Nachfrage mehr. So ging es mit den Friesischen Pferden zunächst bergab.

Nach der französischen Besatzungszeit wurden Regeln für den Einsatz von Deckhengsten erlassen. Sie mußten bei einem Stockmaß von 152 Zentimetern von schöner Gestalt sein, wohlproportioniert, schnell und korrekt auf den Beinen sein, ohne ein einziges Gebrechen, von feurigem Temperament und von inländischer Rasse. Das Mindestalter betrug drei Jahre. 1854 kam man resgnierend zu dem Schluß, daß trotz aller Bemühungen die Friesische Rasse nicht zu retten sei und die Regelungen zum Schutz des Friesenpferdes wurden wieder fallen gelassen.

Obwohl damit das Ende der Friesischen Pferde besiegelt schien, kamen in Friesland erstmals Gedanken über die Vorteile eines richtigen Stammbuchwesens auf. England war Vorbild, Frankreich folgte und den Züchtern in Friesland kommt die Ehre zu, trotz kritischer Stimmen, als erste ein solches Registriersystem in Holland eingeführt zu haben. Nach einigen Vorbereitungen konnten 1879 die Statuten des *Friesch Paardenstamboek* (Friesisches Pferdestammbuch) vom Minister für Landwirtschaft genehmigt werden. Zunächst galten die Statuten nur in Friesland, 1883 kamen auch die Provinzen Groningen und Drenthe dazu. 1880 hatte der Verein 107 Mitglieder. Es waren 16 Hengste und 28 Stuten Friesischer Rasse registriert und nur drei Hengste gekreuzter Rasse eingetragen.

Trabrennen in Friesland wurden zunächst auf ungesattelten Pferden, später auch vor der friesischen Sjees, einer besonderen Kutsche, abgehalten. Hier der Wallach Ulco von Kl. Postma 1967.

Doch alle Bemühungen brachten wenig Erfolg. Ausländische Pferde waren in Mode gekommen. Besonders die Kreuzung Friese x Oldenburger, das sogenannte *Bovenlander Pferd,* erfreute sich größter Beliebtheit. 1908 waren gerade noch 10 Friesische Hengste in der Zucht, von denen nur noch einer in der Provinz Drenthe auf Deckstation stand. Als dann auch noch das Stammbuch die Einteilung in *Friesenpferde* und *gekreuzte Rasse und Ausländer* aufgab und nur noch alle Rassen pauschal als *Pferde* eintrug, schien wieder einmal das Ende des Friesischen Pferdes besiegelt zu sein. 1910 gab es nur noch vier reinblütige Hengste, die 426 Stuten deckten, 1913 waren es nur noch drei: Prins 109, Alva 113 und Friso 117.

Die Gegenwart

Für die friesischen Bauern waren ihre schwarzen Pferde nicht nur Nutz- und Arbeitstiere, sondern auch ein Stück ihrer Geschichte. Friesische Pferde sind die einzige bodenständige Rasse der Niederlande. 1913 wurde der Verein *Het Friesche Paard* (Das Friesische Pferd) gegründet, dessen vorrangige Aufgabe es war, für den Aufbau des Hengstbestandes zu sorgen. Gute Hengstfohlen wurden aufgekauft und zur Aufzucht in fachkundige Hände gegeben. Dazu kamen Geldprämien für die Vorstellung geeigneter Zuchttiere auf Schauen.

Langsam, sehr langsam, ging es wieder bergauf mit der Friesischen Rasse. 1916 konnten zwei der ersten drei aufgekauften Hengstfohlen als Deckhengste eingetragen und verkauft werden und zwar mit der Auflage, sie in Friesland auch zur Zucht aufzustellen. Es waren dies Paulus 121 und Rudolf 122. Fast vierzig Jahre später, 1955, waren es dann schon 17 Hengste und 1962 gab es 23 Hengste.

Mit viel Mühe und Sachkenntnis war es Frieslands Züchtern doch gelungen, ihre Pferde nicht nur vor dem Aussterben zu bewahren, sondern die Friesische Rasse wieder soweit zu konsolidieren, daß man stolz auf sie sein konnte.

In den 60er Jahren kam es abermals zu einer Bedrohung für dieses Pferd. Gab es 1962 etwa 4000 Pferde, sank der Bestand bis 1967 auf 974 registrierte Exemplare. Die Mechanisierung in der Landwirtschaft war Schuld am dramatischen Rückgang des Pferdebestandes. Jetzt starteten die friesischen Züchter einen beispiellosen Werbefeldzug für ihr Pferd. Man präsentierte Friesische Pferde in Schaunummern auf großen Reitsportveranstaltungen. Der Reitverein *De Oorsprong* - ausschließlich den Friesischen Pferden verschrieben - zog 10 Tage lang, die Werbetrommel kräftig rührend, durchs Land.

Mitte der 70er Jahre endlich entdeckten die Reiter und Fahrer einen idealen Freizeitbegleiter - den Friesen. Er ist auffallend fromm und genügsam, verträgt es bei allem Temperament durchaus, auch längere Zeit allein auf der Weide zu stehen. Er sieht stattlich aus, seine imposanten Gänge sind weich und die Veranlagung zu höherer Dressur ist beachtlich. Die Popularität dieser Rappen als Reit- und Fahrpferde nimmt ständig zu. Sie sind stürmisch bewunderter Mittelpunkt auf sämtlichen Messen und Schauen. Und auf der ganzen Welt entstehen Zuchtvereinigungen, die sich dieser Rasse annehmen.

So gehört das Friesenpferd, seit mehr als 300 Jahren reinrassig gezüchtet, nicht nur zu einer der ältesten noch existierenden Rassen Europas, es ist auch durch sorgfältige Selektion zu einem vielseitigen Pferd geworden, das genau in die heutige Form des Freizeitreitens paßt.

Das Friesenpferd ist früher wie heute ein beliebtes Fahrpferd.

Friesenpferde sind die Stars jeder Show.

Die Zucht des Friesenpferdes in seiner bäuerlichen Heimat und weltweit

1879 wurde unter dem Namen *„Het Friesch Paardenstamboek*" (Das Friesische Pferdestammbuch) gegründet - zu einer Zeit, als es nicht besonders gut aussah für die Pferdezucht in Holland. Mit der stammbuchmäßigen Erfassung des Pferdebestandes und strengen Regeln sollte der Friesenzucht ein deutlicher Impuls gegeben werden. Die alte inländische Rasse, das Friesenpferd also, kannte jedoch ebenso viele Feinde wie Freunde. Und so wurde damals viel mit ausländischen Hengsten gekreuzt, was dazu führte, daß von 1907 bis 1915 Friesenpferde, gekreuzte und ausländische Rassen, alle in einem Stammbuch eingetragen wurden, nicht sehr zum Vorteil der reinen Rasse. Diese verwirrende Periode ging 1913 als die Vereinigung *„Het Friesche Paard*" (Das Friesische Pferd) gegründet wurde, zu Ende. Die neue Vereinigung griff jetzt aktiv in das Zuchtbuchgeschehen ein.

Die ersten 40 Jahre bewirkten also nicht ad hoc eine Verbesserung des Pferdebestandes in Friesland. Es zeigte sich jedoch, daß die vortreffliche Registrierung von Zuchttieren durchaus ihren Wert für den Zuchtfortschritt haben sollte. Als 1915 Het Friesch Paardenstamboek nur noch für Friesenpferde tätig sein konnte, mit einem separaten Buch für gekreuzte und ausländische Rassen, konnte sich der Zweig endlich selbständig entwickeln.

Als ersten Schritt beschloß man, die Registriernummern der Friesenpferde wieder den letzten Zahlen von 1907 anzugleichen. So hatte der letzte Hengst 1907 die Nummer 118 und der Hengst Oom, der schon vorher mit der Nummer 373 eingeschrieben worden war, bekam nun die Zahl 119. Vollblut-Friesen erhielten ein fünf Zentimeter großes F hinter ihrer Zahl eingebrannt. Stuten mit herausragender Zuchtleistung wurden schon damals mit einer Krone ausgezeichnet. 1938 schließlich wurde auch das Ster-Prädikat: „FS" als Brandzeichen eingeführt.

Vom Kutsch- zum Arbeitspferd

Man bevorzugte in der Zucht das schwerere Pferd, das nicht nur als Kutschpferd, sondern auch als Landwirtschaftspferd eingesetzt werden konnte. Besonders auf den Grünlandbetrieben war die Nachfrage nach Arbeitspferden groß. Schließlich gab es alle möglichen Maschinen, die von Pferden gezogen werden mußten, auf dem Markt.

Die Umzüchtung vom Kutschpferd zum Arbeitspferd geschah in relativ kurzer Zeit. Der erste eingetragene Hengst De Paauw, gekört 1880, wurde noch beschrieben als „tiefschwarz, keine Abzeichen, zierlich gebaut für ein Kutschpferd mit elastischen Bewegungen, wie sie bei Inländischen Pferd selten angetroffen werden".

Sein Enkel Aäron, der 1902 mit der Nummer 114 ins Stammbuch aufgenommen wurde, war schon mehr für die landwirtschaftlichen Bedürfnisse gezüchtet. Er wurde von der Jury wie folgt beschrieben: „Ein schwer gebautes Arbeits- und Fahrpferd, im Schritt vorne etwas auswärts drehend, ansonsten flott. Im Trab hinten wenig Kraft, vorne kräftig mit viel Raumgriff ".

Dieser Hengst hatte indirekt später einen großen Einfluß auf die Zucht durch seine

Es ist den Züchtern hoch anzurechnen, daß es ihnen durch all die Zeit gelungen ist, die rassetypischen Merkmale zu bewahren.

Tochter Irma 2708 M, geboren 1907. Sie war die Mutter der einflußreichen Hengste Vredestichter 127 und Arend 131. Beide Hengste, die deutlich das Arbeitspferd verkörperten, hatten Paulus 121 zum Vater. Dieses Trio vererbte sich so durchschlagend, daß die Zuchtumstellung des Friesen vom Kutschpferd zum Arbeitspferd für die Landwirtschaft sehr schnell vonstatten ging. Das führte nach kurzer Blütezeit für das Friesch Paarden Stamboek zu einem Tiefpunkt in den sechziger Jahren.

Auf den Bauernhöfen übernahmen Traktoren die Arbeit, die Pferde gehörten der Geschichte an. Man muß es den Pferdeleuten jener Tage hoch anrechnen, daß sie trotz Selektion in Richtung Arbeitspferd die Rassemerkmale zu bewahren wußten. Die auffallende Erscheinung gepaart mit gutem Charakter und aufgewecktem Temperament war es, die es diesen Pferden letztendlich möglich machte, zu überleben.

Betrachtet man sich heute Friesische Pferde, so scheint die Entwicklung für sie äußerst günstig zu verlaufen, die Nachfra-

Der nach dem 2. Weltkrieg bevorzugte kräftige Typ des Friesenpferdes findet sich auch heute noch gelegentlich.

... tiefschwarz, keine Abzeichen, zierlich gebaut für ein Kutschpferd. Der Typ des edlen Karossiers.

ge steigt stetig. Die Königliche Vereinigung Het Friesch Paarden Stamboek hat dadurch als ältestes Pferdestammbuch in Holland in den letzten 30 Jahren mehr und mehr an Bedeutung gewonnen. Sie hat eine zweifache Aufgabe:

1. Die Verbesserung der Friesischen Rasse
2. Das Bewahren eines lebenden Kulturgutes.

Endlich ein eigenes Stutbuch

Bei der Gründung des Zuchtvereins *„Het Paarden Stamboek"* stand es schlecht um die alte inländische Pferderasse. So nahm der Einfluß derer, die Kreuzungen den Vorzug gaben, mehr und mehr zu. Friese oder nicht Friese, war die Frage. Der Kriegsminister tat zwar sein bestes, um die Inländische Pferdezucht zu fördern, er ließ soviel wie möglich in Holland gezogene Pferde für die Kavallerie kaufen. Doch wer 1884 die Provinz Friesland bereiste, konnte von 426 angebotenen Pferden nur 21 kaufen. Dasselbe gilt auch für Gronnigen und Drenthe, die dem Pferdestammbuch angeschlossen waren, und wo man dieselbe Sorte Pferd vorfand.

1897 erst nannte man sich *Friesch Paarden Stamboek*, da die vorher angeschlossenen Provinzen nun eigene Stutbücher eingerichtet hatten und man nun auf sich selbst gestellt, nur noch für Friesland tätig war. Als dann 1907 auch noch die getrennte Eintragung in verschiedene Register aufgegeben wurde, und das Friesenpferd der harten Konkurrenz der anderen Rassen ausgesetzt war, schien das endgültige Aus besiegelt.

Friesische Stammbuchhengste müssen eine umfangreiche, schwere Prüfung absolvieren bevor sie zur Zucht zugelassen werden.

Model ist die höchste Auszeichnung, die eine Stute erlangen kann. Hier eine Stute aus dem Gestüt Evensen.

Erst die Gründung des Vereins „*Het Friesche Paard*“ 1913, als nur noch drei reinrassige Beschäler übrig waren, führte 1915 wieder zu einer getrennten Stutenbuchführung. Bis 1938 schließlich hatte sich die Rasse soweit erholt, daß man dazu überging, zwei selbständige Stutbuchabteilungen unter einem Dach zu führen: eine für Friesen und eine für Bovenlander. Seit 1943 schließlich ist das *Friesch Paarden Stamboek* (FPS) nur noch für Friesenpferde zuständig.

Nach dem 2. Weltkrieg kam es sogar zu einer kurzen Blütezeit für die Rappen aus Friesland. Anläßlich des 75jährigen Jubiläums verlieh Königin Juliana dem Stammbuch das Prädikat „Königlich“, ein sichtbares Zeichen dafür, daß man wieder stolz auf das Inländische Pferd sein konnte. Und sogar im Ausland erinnerte man sich an die Rappen. Exporte, besonders nach Südafrika zur Verbesserung und Blutauffrischung des dort ansässigen Flämischen Pferdes, aber auch nach Deutschland, waren nichts Besonderes. So sollte 1961 sogar der später berühmte Stempelhengst Ritske 202 nach Südafrika verkauft werden. Das FPS lehnte jedoch die Ausfuhr ab mit der Begründung, auf diesen guten Hengst die nächsten zwei Jahre in der Zucht nicht verzichten zu können.
Der bekannte Sportpferdezüchter in Deutschland, Freiherr Clemens von Nagel auf Gestüt Vornholz in Ostenfelde/Westfalen, kaufte 1957 vier Friesische Stuten und ein Hengstfohlen: Mefrou ster 3864, Miefke 3669 mit Fohlen 448/170, Nola 3986 und Koosje 10H174.

Am 12.02.1955 erschien zum ersten Mal das Vereinsblättchen „Phryso“, benannt nach einem friesischen Hengst aus dem Stall von Don Juan von Österreich (1568). Damit war endlich die Möglichkeit geschaffen, allen Züchtern die nötigen Informationen über Zucht und Haltung zukommen zu lassen, auch wenn sie nie Schauen und Prämierungen besuchten und bisher ihre Stuten immer nur zum nächsten Deckhengst geschickt hatten. Gleichzeitig beschloß man auch die Einführung einer neuen Zuchtklasse für hervorragende Pferde. Zur Auswahl standen „Krone“ oder „Model“. Mit fünf zu vier Stimmen entschied man sich für „Model“, die höchste Auszeichnung, die eine Stute erlangen kann.

In den fünfziger Jahren war es nötig geworden, die Teilnahme an Fahrtagen und Ringreiten besser zu regeln. Das FPS war der Meinung, dies läge nicht in seinem Aufgabenbereich. Deshalb gründete man am 1.4.1955 den Verein *Het Friese Tuigpaard* (Das Friesische Kutschpferd). Die Friesische Quadrille genoß damals schon einen guten Ruf. Man trat sogar außerhalb Frieslands bei Turnieren auf. Es war eine Aufgabe des Vereins, die Schaunummer mit acht Kutschen, sechzehn schwarzen Pferden, acht Kutschern und acht Damen im friesischen Kostüm einzustudieren und zu trainieren. Auch mußten Vorschriften für Kleidung und Anspannung festgeschrieben werden.

1960 führte diese Arbeit zur Gründung des Vereins *Het Fries Sjezen Stamboek* (Friesische Sjezen Stammbuch). Sjees, Mehrzahl Sjezen, nenn man die typischen Friesenkutschen. Diese zweirädrigen Wagen, auf die wir weiter hinten im Buch noch einmal ausführlicher eingehen werden, waren schon sehr alt. Es galt, ihre Ausfuhr zu verhindern und ihren Verfall aufzuhalten. Sie wurden vermessen, registriert, numeriert, gegebenenfalls aufgekauft, restauriert und zum Gebrauch ausgeliehen. Bis heute sind etwa siebzig dieser herrlichen Kutschen auf diese Weise erfaßt.

Auch als Reitpferd kam das Friesenpferd wieder ins Gespräch, wenn auch zunächst nur beim ländlichen Reitverein *De Oorsprong*. Dieser Verein wurde 1937

Die Fohlen werden, falls sie die strengen Erwartungen der Jury erfüllen, mit Prämien von eins bis drei belohnt.

gegründet in Huis Ter Heide. Hier entstand das berühmte Gestüt gleichen Namens von 1880 bis 1930, das auch Bedeutung für den reinen Erhalt des Friesenpferdes hatte, da es immer gute Beschäler zur Verfügung stellte. Auf diesem Gelände erhielt man kostenlose Übungsmöglichkeiten. 1947 konnte in Tjerkgaast unter Leitung von Cees Faber, dem späteren Vorsitzenden beim FPS, eine zweite Abteilung gegründet werden.

PR fürs Friesenpferd

Dieser Verein ging mit besonderem Engagement daran, gegen den Ende der sechziger Jahre dramatischen Rückgang des Friesenpferde-Bestands in der Landwirtschaft (und nur dort waren sie damals zu finden) und die finanzielle Misere des FPS anzukämpfen. Von 1316 Bedeckungen im Jahre 1957 war die Zahl auf 597 im Jahre 1967 gesunken. Von 1248 Mitgliedern 1959 waren sieben Jahre später nur noch 722 übriggeblieben. Vielleicht war es ein Wink des Schicksals, daß mit dem Ende der Landarbeiter-Ära des Friesenpferdes, das beinahe sein Ende hätte werden können, ausgerechnet ein Reitverein einen fünf Tage dauernden „Feldzug“ durch Friesland startete, ausgehend am 27. März 1967 vom ehemaligen Gestüt „De Oorsprong“ nach Gorredyk, Garyp, Leeuwarden, Boslward und Workum. Dieser Umzug brachte neben etwas Geld auch 150 neue Mitglieder. Aber auch der Verein „Het Friese Tuigpaard“ rührte kräftig die Werbetrommel.

Waren es die Freizeitreiter und Fahrer, die plötzlich in Friesland direkt vor der Haustür ihr ideales Pferd entdeckten, von so exotischem Aussehen, robust und leichtfuttrig, mit edlem Charakter und vielseitig einsetzbar? In jedem Fall überstieg die Nachfrage sehr schnell das Angebot und man erzielte plötzlich Preise für Rappen, von denen man vorher nicht zu träumen gewagt hatte.

Durch stetige Zunahme des Friesenpferd-Bestandes auch außerhalb Frieslands, kam es 1976 zur Gründung des Vereins *It Fryske Hoars* (das Friesische Pferd), der es sich zur Aufgabe machte, Erhalt, Verbreitung und Verbesserung der Friesischen Rasse sowohl innerhalb als auch außerhalb der Provinz Friesland zu sichern. Man kümmerte sich auch um Kutschen, die historisch mit dem Friesenpferd verbunden sind. Eine der ersten Aktivitäten war 1977 der Ankauf der sechs Sjezen, die im Besitz des FPS waren.

1976 wurde das FPS auch Mitglied im Verein: *Zeldzame Huisdieren* (Seltene Haustiere). Das FPS ist in sieben regionale Zuchtvereine eingeteilt. 1952 wurden vier davon in Friesland gegründet. Sneek (Südwestfriesland), Akkrum (Mittelfriesland), Wolvega (Südostfriesland) und Bergen (Nordost und Ostfriesland).
Die Verbreitung des Friesenpferdes auch außerhalb der Provinz führte 1974 zur Gründung eines Zuchtvereins für Mittelholland in Uddel, 1977 für Nordholland in Heemskerk und 1978 für Groningen und Drenthe in Faterswolde. Als Vertreter des Mutterlandes dieser Rasse betreut das FPS jedoch auch Züchter in Europa, Amerika, Kanada, Australien und Afrika.

Inzwischen besitzt man in Drachten ein *„Fries Paarden Centrum“*, gleichzeitig auch Euroadresse. Dort führt das FPS die Zentrale Leistungsprüfung für die gekörten Hengste durch, ein 50-Tage-Test, bei dem die zukünftigen Vatertiere auf Herz und Nieren geprüft werden. Und das nicht nur unter dem Sattel, sondern auch im Geschirr, sowohl vor der leichten Kutsche als auch am schweren Zugschlitten.

Wie Deckhengste ausgewählt werden

Doch der Weg bis Drachten ist weit. So muß sich der zweijährige Hengst schon einer strengen Spermauntersuchung unterziehen, bevor er überhaupt in Leeuwarden Ende Januar zur Körung erscheinen darf. Auch ist ein Mindeststockmaß von 1,58 Meter vorgeschrieben, beziehungsweise 1,60 Meter ab dreieinhalb Jahre. Wer hier ausgewählt wird, in der Regel sind es nur 10 von 100, der wird anschließend nach Drachten geschickt. Nach dieser strengen Prüfung scheiden noch einmal drei bis vier

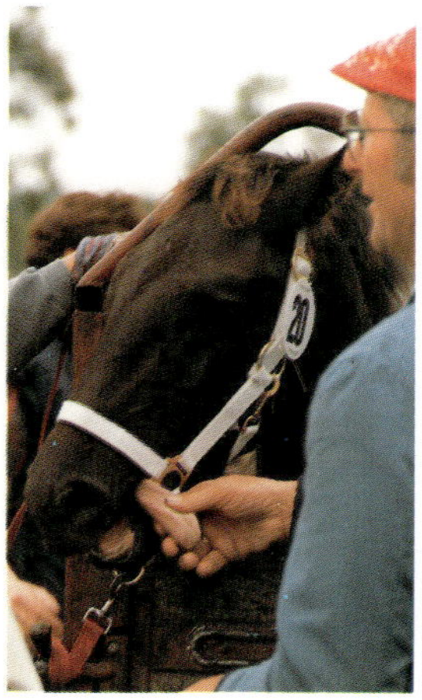

Die Fohlen bekommen ihre Lebendnummer unter die linke Zungenseite tätowiert. Die Prozedur ist schwierig und man benötigt einen Notstand dafür.

Hengste aus, bevor die neuen Vatertiere im darauffolgenden Jahr ins Stammbuch für Hengste eingetragen werden und zur Bedeckung zugelassen sind. Vier Jahre später findet noch einmal eine Besichtigung statt, diesmal nimmt man die Nachkommen kritisch unter die Lupe. Auch hier scheidet in der Regel noch einmal ein Hengst aus der Zucht aus. Was dann noch übrig ist, erhält die Deckerlaubnis bis ans Lebensende.

Alle friesischen Stammbuchhengste stammen von Nemo 51 ab, der auch der Großvater von Friso 117 und Prins 109 ist, zwei der letzten drei Hengste 1913. Die Linie Alva 113 konnte sich nicht bis in unsere Zeit fortsetzen. Die von Nemo 51 ausgehenden Hengstlinien sind bis auf die der Linienbegründer Tetman 205, Age 168 und Ritske 202 wieder ausgestorben, wobei die Age-Linie auch nur noch schwach vertreten ist.

Die Veranstaltung von Zuchtschauen für Stuten und Fohlen liegt in den Händen der regionalen Verbände. Einmal im Jahr, im September, werden dann auf einer zentralen Schau die Siegerstuten aus den besten regionalen Pferden ermittelt.

Für das Stutenstammbuch gilt ein Mindeststockmaß von 1,50 Meter im Alter von zweieinhalb Jahren. Qualitätsmäßig herausragende Stuten mit einem Mindestmaß von 1,55 Meter können im Register „ster“, vergleichbar mit unserem Hauptstutbuch, eingetragen werden. Stuten, die auf einer gesonderten Körung für herausragend befunden werden, erhalten die begehrte Auszeichnung „vorläufig Model“, vorausgesetzt sie haben eine Größe von mindestens 1,58 Meter und sind siebenjährig oder älter. Erst nach Ablegung einer Leistungsprüfung werden sie dann in das Register für Modelstuten eingetragen. Hengste und Stuten können aufgrund der Qualität ihrer Nachkommen das Prädikat „Preferent“ erhalten.

Seit 1973 führt das FPS auch ein Stammbuch für Wallache. Es gilt das gleiche Mindeststockmaß wie für Stuten. Besonders herausragende Tiere haben ebenfalls die Möglichkeit in ein besonderes Register für Ster-Wallach eingetragen zu werden. Stammbuchpferde erhalten bei der Eintragung ein fünf Zentimeter großes F auf die linke Halsseite gebrannt, mit der Ster-Erklärung wird ein S angehängt, entsprechend bei Model ein M. Preferente Stuten und Hengste erhalten über das F eine Krone.

Ende der 70er Jahre, als die Nachfrage nach Friesenpferden weltweit stieg, zeigte sich das Problem der Kennzeichnung von Fohlen. Schon immer gab es diese Schwierigkeiten beim Identifizieren der schwarzen Pferde ohne Abzeichen.

Am besten kommen Frieslands Rappen vor der hochrädrigen Sjees zur Geltung.

Viele Hengstfohlen jener Tage wurden gar nicht zur Eintragung vorgestellt. Was sollte man sich die Mühe machen, wenn das Fohlen doch nach dem Absetzen an den Metzger verkauft wurde. Blieb es aber am Leben und kam als Weidegenosse zu einem Hengstchen mit Stammbaum und sollte dann per Zufall eines dieser Fohlen in den Slot (Weideabgrenzender Entwässerungskanal) fallen und darin ertrinken, es war garantiert das Fohlen, welches keinen Stammbaum hatte.

Deshalb experimentierte man schon 1968 probeweise mit einer Lippentätowierung. Sie war jedoch schlecht lesbar und wurde bald wieder aufgegeben.

1973 kam man dann zu dem Schluß, eine Tätowierung unter der Zunge wäre besser, auch weil die Fohlen dort weniger empfindlich wären. So wurden1976 probeweise Fohlen tätowiert, für Hengstfohlen wurde es schon sehr bald Pflicht, wenn sie

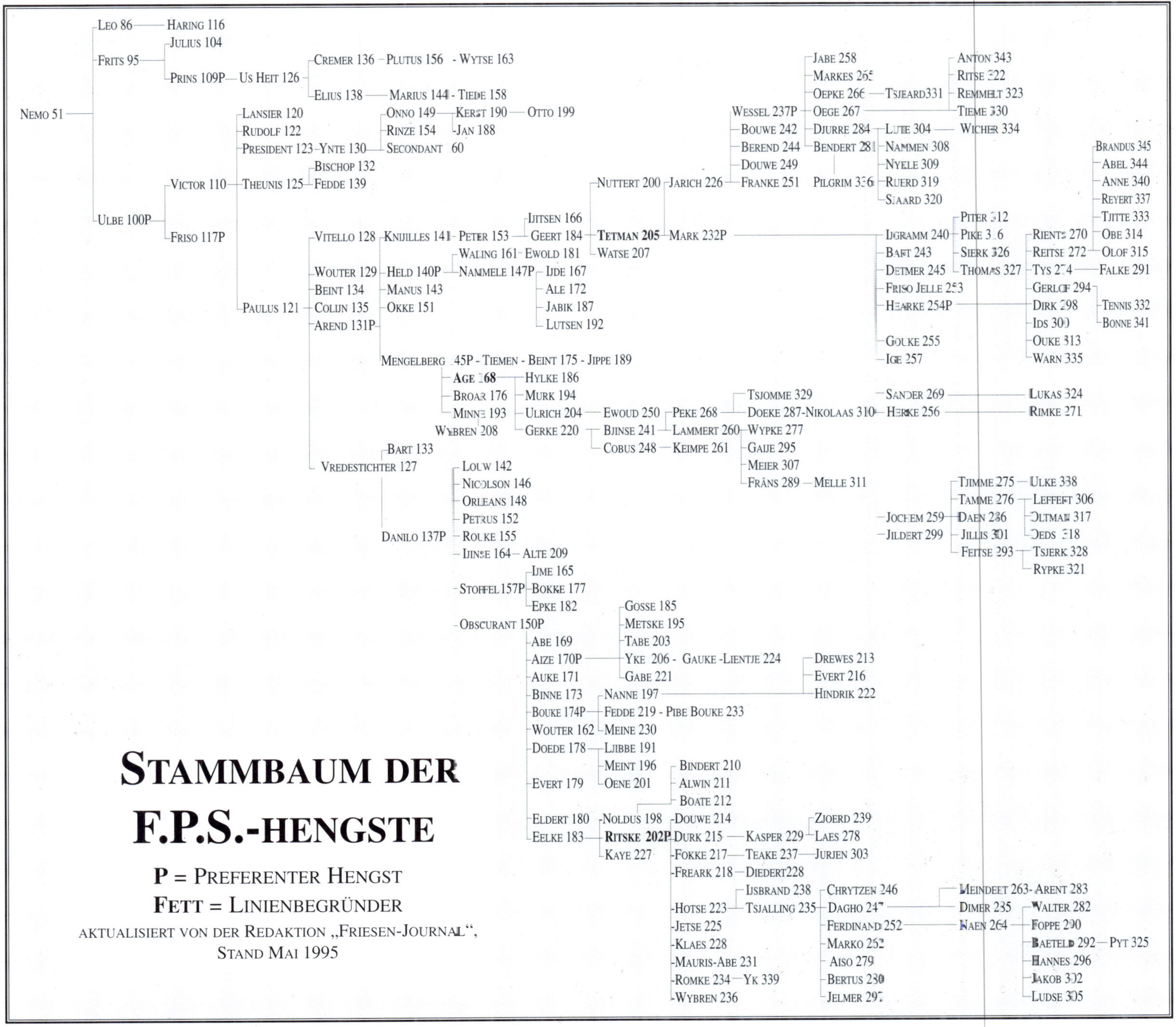

Stammbaum der F.P.S.-Hengste

P = Preferenter Hengst

Fett = Linienbegründer

Aktualisiert von der Redaktion „Friesen-Journal“, Stand Mai 1995

zur Körung vorgestellt werden sollten. Inzwischen erhält jedes Fohlen mit der Eintragung in das Fohlenbuch des FPS auf der linken Zungenunterseite eine Zungentätowierung.

So ist das Friesenpferd durch strenge Zuchtauswahl und große Nachfrage gegen Ende des 20. Jahrhunderts zu einer ungeahnten Blüte gelangt, die seinen Bestand wohl endgültig gesichert haben dürfte. Das FPS besitzt etwa 4.000 Mitglieder bei rund 12.000 eingetragenen Pferden. Weltweit dürfte die Zahl der Friesenpferde noch viel höher liegen, da viele Züchter sich schon früh regionalen Zuchtverbänden angeschlossen haben und ihre Pferde dort registrieren ließen.

Das ideale friesische Pferd

Friesen sind vielseitig einsetzbare Pferde. Sie gehen nicht nur vor dem Wagen sondern ebenso gut unterm Sattel und an der Hand.

Eine Rasse-beschreibung

Das ideale Friesenpferd zeigt ein vollkommen eigenes barockes Äußeres. Es ist ein harmonisches, praktisch gebautes, vielseitig verwendbares Pferd. Exterieur und Charakter eines Pferdes aber hängen immer eng mit seinem Gebrauch zusammen. So stellt die Rennpferdezucht andere Anforderungen an ihre „Produkte“ als die Sportpferdezucht. Und wie der Gebrauch sich im Laufe der Jahre wandelt, so ändert sich auch das äußere Erscheinungsbild des geforderten Pferdetyps. Man denke nur an die Entwicklung des Reitsports in den letzten 50 Jahren und die daraus folgende Spezialisierung in der Zucht; bei den Zuchthengsten unterscheidet man heute schon zwischen Dressur- und Springpferdevererbern.

Beim Friesenpferd dagegen liegt das Zuchtziel nicht vorrangig im Gebrauch, sondern an erster Stelle steht der Erhalt des Rassetyps. Ähnlich ist es auch in der Vollblutaraberzucht. Die Zucht von guten Gebrauchspferden muß sich also immer an den Rassemerkmalen orientieren und nicht umgekehrt. Das Friesenpferd ist demzufolge ein vielseitiges Pferd für alle Sparten der Reiterei und des Fahrsports.

Wenn auch die Bewahrung des Rassetyps beim Friesenpferd in der Zucht an erster Stelle steht, so bedeutet das nicht, daß Gangwerk, korrektes Gebäude und Charakter dabei außer acht gelassen werden dürfen. Im Gegenteil, gerade bei dieser Rasse wird besonders auf alle Zuchtfelder geachtet, weil man nicht durch Einkreuzen einer anderen Rasse zu Verbesserungen kommen kann, sondern

Die gleichmäßig schwarze Farbe sowie die große Übereinstimmung in Aussehen und Bewegung machen das Friesenpferd besonders für den Fahrsport interessant.

nur durch Auslese in der eigenen Population.

In den letzten Jahren wurde immer wieder versucht, das Friesische Pferdestammbuch dazu zu bewegen, auch gezielte Kreuzungsprodukte zur Zuchtverbesserung anzuerkennen. Vergeblich, die Rasse sollte rein bleiben.

Im Nachhinein scheint dies der richtige Weg gewesen zu sein. Nur durch Selektion innerhalb der Rasse ist es gelungen, die besten Eigenschaften zu verankern und weniger gewünschte so weit wie möglich wegzuzüchten.

Wenn man sich heute ein Friesenpferd anschaut, kann man kaum glauben, daß noch Mitte des 19.Jahrhunderts häufige Mankos ein schwacher Rücken, ein stark abfallendes Kreuz, schwache Gelenke oder Hochbeinigkeit waren. Hier haben die friesischen Bauern, bekannt als Viehzüchter, bewiesen, daß sie auch hervorragende Pferdezüchter sind. Es ist ihnen gelungen, ein Kulturgut zu bewahren, an dem sich nun Menschen aus aller Welt erfreuen können.

Einige Bemerkungen zum Typ

Wenn wir vom Typ eines Pferdes sprechen, haben wir das Bild vor Augen, dem sich das ideale Pferd so weit wie möglich annähern sollte. Die äußere Erscheinung kann so perfekt sein, wie sie will, wenn sie sich zu weit von diesem Idealbild entfernt, so ist dieses Pferd nicht von gutem Typ. Doch ist Typ dann nicht „nur" eine Frage des persönlichen Geschmacks? Wie soll ein Richter auf Schauen die

Pferde plazieren, seine Rangierung begründen?

Vielleicht ist es einfacher, wenn wir uns erst einmal den spezifischen Rassemerkmalen zuwenden. Ihnen kommt bei der Beurteilung des Friesenpferdes eine ganz besondere Bedeutung zu. Wenn das vorrangige Zuchtziel die Erhaltung des Rassetyps ist, so muß logischerweise das Pferd, welches die meisten Rassemerkmale aufweisen kann, auch den besten Rassetyp besitzen.

Diese Merkmale sind an allen Körperteilen sichtbar, im Zuchtziel für die Rasse vom Stammbuch klar und eindeutig definiert, für jeden Züchter verbindlich und für jeden Richter abfragbar. Gelingt es nun, möglichst viele dieser Rassemerkmale auf ein Individuum zu vereinen, so ist die Chance sehr groß - zusammen mit noch anderen Qualitäten - dem idealen Typ möglichst nahe zu kommen.

Mähne und Schopf sind wichtige Rassemerkmale beim Friesenpferd und dürfen nicht beschnitten werden.

Rasse-merkmale des Friesenpferdes

Die Farbe

Die schwarze Farbe ist sicher das bekannteste Merkmal der Friesischen Rasse. Doch war das nicht immer so. Um 1500 gab es vor allem braune oder gescheckte Friesenpferde, schwarze, graue oder weiße kam seltener vor.

Schon 200 Jahre später waren 60 Prozent der Pferde schwarz, 20 Prozent braun und der Rest Schimmel in allen Schattierungen. 1879, als das Friesische Pferdestammbuch gegründet wurde, waren 90 Prozent schwarz und nur noch 10 Prozent braun oder Rotschimmel. Schimmel gab es bald nicht mehr. Die letzte braune Stute Nelly 90H wurde 1928 eingetragen. Doch auch bei den Rappen unterscheidet man drei Farbtypen.

Die Glanzrappen: Ihr Fell bleibt sommers wie winters tiefschwarz mit Glanz, gelegentlich kann sogar eine schwarze Äpfelung vorkommen.

Die Sommerrappen: Ihr Fell ist mattschwarz, kann im Sommer ausbleichen und einen Braunstich bekommen.

Die Mattschwarzen: Ihr Fell zeigt sommers wie winters einen Braunstich.

Die dunkle Fellfarbe in Verbindung mit dichter Behaarung und einer dicken Haut führt gelegentlich bei Friesenpferden, von denen hohe Leistungen verlangt werden, zu Transpirationsproblemen. Turnierfahrer helfen sich da schon mal, indem sie ihre Pferde scheren. Weiße Abzeichen sind beim Friesenpferd nicht erwünscht. Kommen sie an den Beinen vor, wird das Pferd nicht ins Stammbuch eingetragen.

Das Langhaar

„Friesenpferde, das sind die Pferde mit den Federn an den Beinen," - gemeint ist der Behang an den Füßen, der bis hinauf zum Vorderfußwurzelgelenk reichen kann. Beim Friesenpferd stellt er ein wichtiges Rassemerkmal dar. Er kann sehr dicht, schwer und lockig sein. Solche Pferde haben dann meist auch dicke, lange Mähne und Schweif. Bei feinem und seidigen Behang dagegen haben die Pferde ein dünneres Fell und weiches Langhaar.

Auch Mähne und Schweif gehören zu den Rassemerkmalen. Sie dürfen nicht beschnitten werden. Friesenpferde zeichnen sich durch schnellen und kräftigen Wuchs des Langhaares aus. Dieses ist bei Hengsten meist noch ausgeprägter als bei Stuten. So kann die Stirnlocke noch über die Nüstern hinauswachsen. Doch auch bei Stuten gibt es Pferde mit exotisch anmutendem Langhaar. So reichte die Mähne bei der Modelstute Caspara 1100 Model von Sultan pref. bis zum Boden.

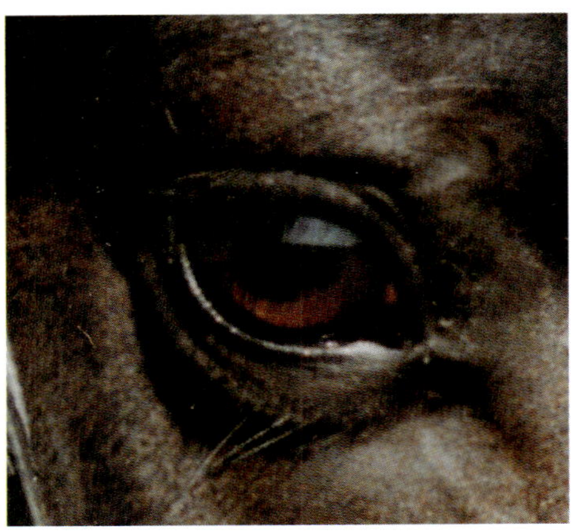

Das Auge ist der Spiegel der Seele.

DER KOPF

Auch am Kopf finden wir wichtige Rassemerkmale, denen man nicht genug Aufmerksamkeit schenken kann. Recht häufig sind Pferde vertreten mit langen, schmalen oder groben und zu schweren

Friesenpferde habe edle Köpfe, die deutlich das orientalische Erbe erkennen lassen.

Köpfen und kleinen Augen. Diesen Tieren fehlt der für das ideale Friesenpferd so wichtige lebhafte Ausdruck, den der Betrachter sofort erfaßt, wenn er dem Tier nur einmal tief ins Auge blickt. Das Auge als Spiegel der Seele ist beim Friesen groß und sprechend. Es blickt freundlich auf den Menschen. Das lebhafte Spiel der kleinen beweglichen Ohren unterstreicht diesen Eindruck noch.

Überhaupt kann der Friese den orientalischen Einfluß nicht leugnen: Der Kopf ist edel und klein mit einer breiten Stirn. Das Nasenbein ist im Idealfalle etwas hoh., wenigstens gerade. Die Nüstern sind weit und groß und sogar die Ohrenspitzen zeigen nach innen.

Wichtig ist auch der fließende Übergang zum Hals bei genügender Ganaschenfreiheit und ausreichender Länge des Genicks, denn die stolzen Gänge dieser Pferde kommen erst richtig zur Geltung, wenn sie auch den Kopf zurücknehmen und durchs Genick gehen können.

DER HALS

Am Hals ist das barocke Erbe noch am deutlichsten zu erkennen: Er ist kräftig,

Auf der linken Halsseite werden in Holland beim 3jährigen Friesenpferd die Brandzeichen angebracht:

F	Stammbuch
FS	Friesische Ster-Stute vergleichbar mit Hauptstammbuchstute
FM	Friesische Model-Stute vergleichbar mit Staatsprämienstute
	preferent (Zuchtleistungsstute)

gebogen und ausreichend lang. Er wird hoch getragen, so daß Halsunterseite, Brust und Vorderbeine eine senkrechte Linie bilden und geht mit elegantem Schwung des Mähnenkamms (Schwanenhals) fließend in den kurzen Rücken über. Dabei reicht er in der Seitenansicht weit

Friesenhals mit Brandzeichen

Die Kruppe ist beim Friesenpferd breit, stark bemuskelt und leicht gespalten.

in die Rückenlinie hinein, so daß der Reiter weit hinten zu sitzen kommt.

BRUST, WIDERRIST UND SCHULTER

Als der Friese 1920 bis 1960 als Pferd für die Landwirtschaft gezüchtet wurde, sah man gerne eine breite Brust. Dabei störte ein breiter flacher Widerrist niemanden. Seit einigen Jahren beginnt man nun, wieder einen schmalen, höheren Widerrist anzustreben, wie ihn auch die Kutschpferde haben. Dieses kommt auch der Bewegung der Vorhand zugute. Das Pferd entwickelt mehr Raumgriff. Spezielle Rassemerkmale sind an Brust, Widerrist und Schulter nicht auszumachen. Genau wie bei anderen Rassen bevorzugt man hier eine ausreichend breite Brust, einen ausreichend hohen nicht zu breiten Widerrist und eine schräge Schulter, alles mit guter Bemuskelung und gutem Anschluß an die Rückenlinie.

RÜCKEN, RIPPEN UND LENDEN

Die Oberlinie ist schon immer ein schwächerer Punkt in der Zucht des Friesenpferdes gewesen, wahrscheinlich ein Erbe seiner andalusischen Vorfahren. Zwar ist für den Einsatz als Fahrpferd ein weicher Rücken kein Problem, beim Reitpferd stellt dieser Fehler dagegen ein echtes Handicap dar.

Einige Friesenpferde haben auch heute noch die früher so beliebten „tonnenrunden“ Rippen, die das Reiten nicht gerade bequem machen. In jedem Fall sind sie ein Rassemerkmal. Solche Pferde haben, wenn sie sehr gut im Futter stehen, eine „Regenrinne“ längs der Wirbelsäule. Lohnendes Zuchtziel wäre der goldene Mittelweg: nämlich eine kräftigere Oberlinie bei etwas flacherer Rippenwölbung, ohne daß sich dabei das rassetypische Erscheinungsbild stark verändert.

Der Kötenbehang ist beim Friesenpferd stark ausgeprägt und stellt ein Erbe seiner kaltblütigen Vorfahren dar. Er schützt auch die empfindliche Fesselbeuge vor Nässe und Schmutz.

KRUPPE UND SCHWEIF

Auch die markante Kruppenform ist ein typisches Rassemerkmal. Zeigt der Friese im Kopf mehr jahrhundertealte Verwandtschaft zum Araber, so lassen Rücken und Kruppe das Erbe seiner kaltblütigen Ahnen durchscheinen. Die Kruppe ist abfallend, rund und leicht gespalten mit tief angesetztem Schweif. Der Schweif ist schwer und hat volle Länge; ein kurzer Schweif bringt einen Malus ein, sowohl beim Verkauf als auch bei Zuchtschauen und Prämierungen.

DIE BEINE

Das Friesenpferd hat relativ leichte Knochen, verglichen mit ähnlichen Pferderassen; es sind die langen Kötenzöpfe, die die Beine merklich stärker erscheinen lassen. So verdecken sie auch schon mal den Stand der Fesselgelenke an den Vorderbeinen. Da die Vorhand zwei Drittel des Pferdegewichts trägt, ist ein korrekter Stand enorm wichtig. Bei der Hinterhand ist häufig der Oberschenkel nicht stark genug entwickelt. Da hier der Motor des Pferdes sitzt, mit dessen Kraft es Schwung und Raumgriff gewinnt, sollte man auf dieses Rassemerkmal nicht allzuviel Wert legen; man kann es dem Pferd aber auch nicht als Fehler anrechnen. In den Händen der Züchter liegt es, diesem Punkt mehr Beachtung zu schenken. Schwache Gelenke kamen früher häufig vor. Friesenkäufer sollten also auch besonders die Sprunggelenke genau kontrollieren.

Auffallend sind die Hufe der Friesenpferde: Sie sind flacher als die der anderen Pferde, dadurch auch größer, was wohl eine Anpassung an den meist feuchten, sumpfigen Boden in Friesland ist. Unter Umständen kann die Hornqualität deshalb leiden.

Die Gänge

Bezeichnend für das Friesenpferd ist seine Trittsicherheit in allen drei Gangarten, vor allem im typischen Trab. Hier zeigt es sich in seinem ureigensten Element, hier begeistert es auch Laien und löst beim Publikum wahre Begeisterungsstürme aus. Besonders auffällig ist die hohe Knieaktion, die durch ein starkes Anheben der Vorderbeine entsteht sowie der enorme Schub aus der Hinterhand, der durch weites Untertreten zu einer hohen Aufrichtung führt. Im Idealfall kommt es im Trab also zu einer deutlichen Schwebephase.

Der Friese ist ein lebendiges Beispiel dafür, daß Knieaktion und Raumgriff sich nicht automatisch ausschließen.
So ist auch sein Schritt fleißig und raumgreifend, während der Galopp erhaben gesprungen wird.

Durch seine lange, schräge Schulter ist das Friesenpferd auch zu einem guten Raumgriff fähig. Hier der Friesenhengst Jorrit aus dem Gestüt Herberath.

Der Charakter

Das ideale Friesenpferd zeichnet sich auch durch besonderes Interieur aus, das es sich durch die Jahrhunderte der Reinzucht und der strengen Zuchtauslese bewahren konnte. In den letzten Jahren wird allerdings häufig das Hauptaugenmerk sehr auf Korrektheit und Rassetyp gelegt. Zwar erhalten die Hengste auf der Leistungsprüfung auch immer ihre Noten für Charakter, Stallverhalten und Ähnliches, doch wer prüft die Stuten? Das Friesenpferd verbindet in herausragendem Maße Temperament mit Ehrlichkeit, es ist menschenfreundlich und neugierig, lernwillig und fleißig, ausgesprochen sensibel und einfühlsam. Es wäre wünschenswert, daß dieses Charakteristikum, mit dem konsequent Werbung für die Rasse betrieben wird, auch in der Zucht etwas mehr Beachtung fände.

Die auffälligste Gangart ist der Trab mit der hohen Knieaktion.

Das Friesenpferd hat ein freundliches Wesen und gute Nerven. Wenn es zum Menschen Vertrauen aufgebaut hat, kann man mit ihm „Pferde stehlen gehen".

AUF EINEN BLICK: DAS IDEALE FRIESENPFERD...

- zeigt ein vollkommen eigenes, barockes Äußeres.
- ist ein harmonisches und praktisch gebautes, vielseitig verwendbares Pferd.
- mit einem Stockmaß um 1,60 Meter.
- mit gleichmäßig schwarzem Fell ohne weiße Abzeichen.
  Lediglich einige weiße Haare auf der Stirn sind erlaubt.
- mit einem kleinen edlen Kopf, etwas hohlem Nasenbein, großen wachen Augen und kleinen, zueinander geneigten, spitzen Ohren.
- mit gebogenem, kräftigen, ausreichend langem Schwanenhals, der hoch getragen wird und fließend in den starken, nicht zu langen Rücken übergeht.
- mit einer kräftigen und schrägen Schulter, lang gerippt.
- mit einer leicht abfallenden, breiten, stark bemuskelten und etwas gespaltenen Kruppe.
- mit gesunden Beinen und Hufen, einem gut entwickelten Oberarm und korrektem Stand.
- mit eleganten, raumgreifenden, schwungvollen Gängen
  und hoher Aktion bei viel Schub aus der Hinterhand.
- mit starkem Kötenbehang, der bis an das Vorderfußwurzelgelenk heranreichen kann.
- mit üppiger, voller Mähne und bis auf den Boden reichendem Schweif (meist lockig).
- mit freundlichem, menschenbezogenem Charakter und lebhaftem Temperament.
- mit robuster Gesundheit und großer Genügsamkeit.

Verbesserungen sind nur durch Selektion innerhalb der Rasse möglich.
Kreuzungen sind nicht gestattet.

DER GEBRAUCH DES FRIESENPFERDES FRÜHER UND HEUTE

Diese Friesenstute ist bereits 30 Jahre alt und geht immer noch vor dem Milchwagen.

Zu Beginn unseres Jahrhunderts bis in die 70er Jahre fand das Friesenpferd in erster Linie Verwendung in der Landwirtschaft. Vor allem auf Weidelandbetrieben wurde es eingesetzt. Diese Karriere verdankte es besonders seinen typischen Rasseeigenschaften

- anspruchslos im Unterhalt,
- mit aufgewecktem Charakter,
- äußerst zuverlässig und doch mit ausreichendem Temperament.

Besonders der gute Charakter war von unschätzbarer Bedeutung, hatte man doch immer weniger Zeit, Pferde sorgfältig auszubilden. Auch nahm die Zahl der Menschen, die gut mit Pferden umgehen konnten, mehr und mehr ab.

Ebenso sammelte das Friesenpferd in Sachen Gesundheit und Zuverlässigkeit wichtige Pluspunkte. Gerade in der Landwirtschaft spielte der Posten „Transport“ eine ungemein wichtige Rolle, man denke nur an die Zeit der Heuernte. Je länger ein Pferd einsatzfähig blieb, um so günstiger für den Landwirt. Außerdem stellte das Friesische Pferd im Unterhalt keine großen Ansprüche.

Auch wenn es in jenen Zeiten eigentlich kein Reitpferd war, so ging es doch in einigen ländlichen Reitvereinen treu seinem Dienst nach. Der Wunsch „Die holländischen ländlichen Reiter auf dem holländischen Pferd“ ging eigentlich nur in Friesland so richtig in Erfüllung, gehörten doch die „Schwarzen“ der einzigen wirklich inländischen Rasse an, die ohne fremdes Blut gezüchtet wurde.

Schon damals wurden vereinzelt Friesische Hengste für die Ausbildung zur Hohen Schule verkauft. Reserve Rittmeister Dr. v. Schaik aus Wassenaar war durch seine zahlreichen Auftritte mit dem Hengst Wopke auf Reiterfesten im ganzen Land bekannt.

Zirkus-Premiere

1936 entdeckte auch der Zirkus zum ersten Mal diese Pferde. Man mag sich wundern, warum das erst so spät geschah, aber die friesischen Rappen waren in jenen Tagen so in Vergessenheit geraten, daß ihre Existenz vielen wirklich nicht bekannt war. In den meisten Pferdebüchern wurden die Friesenpferde bis weit in die 70er Jahre gar nicht mehr und wenn, bei den Kaltblütern erwähnt.

Frau Straßburger auf Othello, dem legendären Zirkushengst, in der Passage.

1936 nun kaufte Hans Strassburger einen tiefschwarzen dreijährigen Hengst. Man sagt, daß dies das erste Mal war, daß ein Friesenpferd seine Hufe in eine Zirkusarena setzte. Später wurden noch mehr Hengste gekauft, so daß man eine Freiheitsnummer mit sechs Friesenpferden zeigen konnte. Premiere wurde in Paris gefeiert.

1939 kam der Zirkus nach Holland zurück und führte seine Schau am 3.10. in Leeuwarden vor fachkundigem Publikum vor. Der Applaus war groß, als die stolzen Rappen ihre perfekte Nummer vorführten. Doch die Begeisterung wuchs gewaltig, als einer der Hengste sich strikt weigerte, die Befehle seines Herrn auszuführen. So sehr Direktor Strassburger sich auch

Das Sitzen wird ebenfalls in verschiedenen Variationen vorgeführt. Meistens zeigt man es in Verbindung mit dem Hinlegen.

Seit jeher üben die schwarzen Pferde vor den weißen Kutschen eine besondere Faszination aus.

Friesen sind umgängliche Freizeitpferde, relativ anspruchslos im Unterhalt, aber auch handfeste Partner im Sport.

Bei keiner Show fehlen heute Friesenpferde. Mit ihrer barocken Form und der schwarzen Farbe lassen sie sich gut in Szene setzen. Das Steigen ist eine beliebte Zirkuslektion, die sowohl in der Freiheitsdressur als auch unter dem Reiter durchgeführt wird.

bemühte, das Tier ließ sich einfach nicht zu irgendeiner Aktion animieren. Endlich ließ Strassburger sich eine friesische Fahne reichen und zeigte sie dem „Dickkopf". Und, oh Wunder, welch eine Wandlung, dieser kam sofort in Bewegung und führte willig alle Kommandos aus. Die Zuschauer waren zunächst überrumpelt, dann aber so begeistert, daß sie spontan das Friesische Volkslied anstimmten. So hatte Hans Strassburger im Sturm die Herzen der friesischen Menschen gewonnen.

Othello, der erste Hengst, der auch am längsten im Zirkus verblieb, wurde später von Strassburger auch in der Hohen Schule vorgestellt. In Brüssel sah der große amerikanische Zirkusunternehmer John Ringling North die Nummer mit den schwarzen Pferden und wollte Strassburger vom Fleck weg engagieren, doch der lehnte ab.

So hatte Strassburger den Grundstein gelegt für die Verwendung Friesischer Hengste im Zirkus. Weitere bekannte Unternehmen wie Althoff, der Schweizer Zirkus Knie, Krone, Smart und Mills in England, Belli in Italien und viele andere folgten. Wegen der großen Nachfrage fand so mancher abgekörte Hengst noch zu einem guten Preis einen Käufer beim Zirkus.

Fahrschule vom Sattel aus gefahren, eine Nummer, die man auch gelegentlich mit zwei, vier oder sechs Vorderpferden nebeneinander sehen kann, und die das große Vertrauen in seinen Reiter und die Gutmütigkeit der Friesenpferde demonstriert.

Auf Kutschenkorsos erfreuen Friesenpferde die Zuschauer immer wieder in historischer Anspannung - hier vor einer prachtvollen Postkutsche.

Wenn zwei Pferde voreinander gespannt sind, nennt man dies Tandemanspannung. Das Vorderpferd wird dabei nur durch die Leinen gelenkt und muß besonders zuverlässig sein.

VERGNÜGUNGS-PFERD

Am bekanntesten und beliebtesten aber waren die Friesischen Pferde damals wie heute als Kutschpferde vor der antiken Friesischen Sjees. Der Faszination dieser Pferde, dieser durch den Menschen gebändigten Urkraft eines jahrhundertealten Produktes des friesischen Bodens, wird sich vor den zweirädrigen, zierlichen Wagen kaum jemand entziehen können. So gab es seither kein wirkliches Fest in Friesland ohne Friesische Pferde. Im Sommer veranstaltete man Ringstechen in den Straßen der Städte und Dörfer. Dabei mußte eine in der Kutsche sitzende Dame auf ihrer rechten Seite einen von einem hölzernen Arm gehaltenen Ring mit einem Stöckchen aufspießen, während der Herr links die Pferde lenkte. Und im Winter traf man sich, mit den Pferden vor den herrlich geschnitzten hölzernen Schlitten, um auf dem Eis Schlittenrennen auszutragen.

Dank seiner rassetypischen Eigenschaften bietet sich das Friesenpferd heute besonders als Freizeitpferd für die Entspannung an. Immer mehr Reiter und Fahrer wissen seine Vorzüge mit Vergnügen zu genießen. So ist es nicht nur von stattlicher Gestalt, es ist auch robust und anspruchslos im Unterhalt, ein Umstand, der häufig praktizierten Offenstallhaltung bei Freizeitpferden zugute kommt. Außerdem besitzt es einen auffallend freundlichen Charakter, was sich nicht nur bei der Arbeit, sondern ganz besonders auch im täglichen Umgang immer wieder zeigt. Ein so stolzes Tier einfach nur bewundern und vielleicht sogar streicheln zu dürfen, bedeutet für viele Menschen in unserer hochtechnisierten Zeit schon Freude und ein tiefes Glücksgefühl. Doch sind die modernen Friesenpferde nicht nur etwas für Auge und Herz, sondern sie haben sich auch als handfeste Partner im Sport erwiesen.

Friesenpferde schmusen gern. Sie sind „ihrem" Menschen in besonderer Weise zugetan.

SPORT-PFERD

Besonders im Fahrsport bei den Vierspännern beweisen sie immer wieder auf höchster Ebene, daß mit ihnen zu rechnen ist. Die besondere Ehre, erstmals mit einem friesischen Viererzug aufgetreten zu sein, kommt einer Dame zu: Frau E. Korthagen-van Til. 1969 begann sie mit dem Vierspännigfahren. 1970 schon startete sie in Eindhoven, 1971 in Hooge Mierde, 1972 in Münster in Westfalen und 1973 sogar in Windsor in England. Als Vorbild fand sie bald Nachfolger, unter anderem auch Tjeerd Velstra, der

1977 in Geesteren Niederländischer Kampion und im selben Jahr in Donaueschingen Europäischer Reservekampion werden konnte.

Inzwischen hat Leo Kraaijenbrink seine Nachfolge im Viererzugfahren mit Friesenpferden angetreten. Außer auf sportlichen Veranstaltungen im Wettkampf, zeigt er sein Gespann auch immer wieder auf Pferdeschauen und Rassetagen. Spätestens dann, wenn er in halsbrecherischem Tempo und in engsten Wendungen seine Rappen über den Hindernisparcour jagen läßt, wird jedem Zuschauer klar, daß das Friesenpferd sich, auch was seine sportliche Leistungsfähigkeit angeht, keinesfalls hinter anderen Rassen zu verstecken braucht. Als Tjeerd Velstra einmal gefragt wurde, warum er als bekannter Springreiter seine Fahrerkarriere ausgerechnet mit Friesenpferden startete, antwortete er, „weil sie zuverlässig, brav und gehorsam sind.“ Eine bessere Werbung für das Pferd kann man sich nicht wünschen.

Doch auch unter dem Sattel wissen moderne Friesenpferde sich gegen andere Rassen zu behaupten. Ihre leichte Dressierbarkeit und ihre kraftvolle Eleganz machen sie zu gern gesehenen Gästen auf dem Dressurviereck. Trotz kunstvoll eingeflochtener Mähnen und bandagierter Röhrbeine, was den Kötenbehang etwas kaschiert, können sie ihr vollkommen eigenes, barockes Äußeres nicht leugnen. Und so manch ein Zuschauer aus dem fachkundigen Publikum kann nur staunen, mit welcher Leichtigkeit diese doch verhältnismäßig kräftigen Pferde die schwierigsten Dressurlektionen absolvieren.

SHOW-TIME

Wahren Ruhm erlangten die Friesischen Rappen jedoch erst als Schaupferde. Diese Sparte der Reiterei boomt seit der 1. Equitana-Messe Ende der 70er Jahre. Statt wie im Turniersport angestrengte Reiter und nervöse Pferde in endloser Folge ständig den gleichen Parcour oder die gleichen Lektionen absolvieren zu sehen, erlebt das Publikum hier einen bunten Querschnitt durch Reitkunst und Rassevielfalt, Musik, Kleidung, Ausrüstung und Folklore aus der ganzen Welt. Und das alles geschieht ohne Leistungsdruck, nur aus Freude am Auftritt, und die Begeisterung der Zuschauer spiegelt sich in den Augen von Pferden und Reitern wieder. Hier sind die Friesenpferde in ihrem Element. Sie sind mit Feuereifer bei der Sache und der Applaus des Publikums spornt ein gutes Schaupferd zu immer höheren Leistungen an.

„Faszination Traumpferde“ - eine märchenhafte Show von Günther Fröhlich, die Zuschauer in eine irreale Fantasiewelt entführt. Und die Friesenpferde spielen eine wichtige Rolle!

Dieser „Showsinn‘, der ein Friesenpferd auf jeden Fall besitzen sollte, war es auch, der die Faszination bei den Auftritten des 1993 verstorbenen preferenten Deckhengstes Hearke ausmachte. Dieser Hengst betrat schon die große Frieslandhalle in Leeuwarden bei seinen jährlichen Auftritten zur Hengstkörung des FPS, als würde die ganze Veranstaltung nur ihm zu Ehren stattfinden. Sein ganzes Auftreten, seine Haltung, ja, jeder seiner Schritte war nur darauf aus, das Publikum zu begeistern. Mit wachen Augen beobachtete er stets seine Wirkung auf den Rängen. Und wenn die vollbesetzte Halle im Takt mitklatschte und mit den Füßen stampfte, was mit Holzschuhen einen höllischen Lärm macht, dazu pfiff und johlte, erst dann lief Hearke zur Topform auf.

Das Friesenpferd - ein lebendiges Denkmal!

Die Friesische Sjees, in der Bauer und Bäuerin im Friesischen Kostüm sitzen, ist untrennbar mit den schwarzen Pferden verbunden.

Die Sjezen

Ihren ganzen Charme jedoch entfalten die schwarzen Pferde erst, wenn sie angespannt vor der zweirädrigen eleganten Sjees, in der Bauer und Bäuerin in der Landestracht sitzen, ihre Runden drehen. Egal ob auf ländlichen Fahrturnieren im sportlichen Wettkampf mit anderen Gespannen, als Schaunummer auf großen pferdesportlichen Veranstaltungen oder ganz einfach auf der sonntäglichen Ausfahrt durch die grünen Weiden von Friesland. Da diese Kutschen untrennbar mit den Friesischen Pferden verbunden sind und in dieser Form auch nur in Friesland überlebt haben, möchte ich etwas genauer auf ihre Besonderheiten eingehen.

Der Friesische Name Sjees, Mehrzahl Sjezen, für dieses hochrädrige Fahrzeug geht wahrscheinlich auf das französische Wort Chaise zurück, was soviel bedeutet wie Stuhl. Tatsächlich läßt sich diese Form sehr gut mit einem „Stuhl auf Rädern" vergleichen. Die älteste Sjees stammt von 1772. In ihrer heutigen Form entstanden diese Fahrzeuge etwa um 1750. Die meisten heute noch genutzten Sjezen in Friesland stammen jedoch aus der höchsten Entwicklungsstufe dieser Fahrzeuge, aus der Epoche Ludwig des 15. (Louis Quinze), dem Rokoko. Viel einfachere Kutschen mit gleichem Namen werden nicht ins *Sjezen Stamboek* (Sjezen Stammbuch) aufgenommen.

Der Kutscher sitzt links neben der Dame auf einem schmalen Bänkchen von dunkelgrüner oder schwarzer Farbe mit kunstvoller Bemalung. Er sitzt relativ hoch, höher als das Pferd. Die Bank hängt an zwei ledernen Riemen. Auch als im 19. Jahrhundert die Wege besser wurden und man wegen der größeren Haltbarkeit zu Stahlfedern überging, beharrte man bei den Sjezen auf der ledernen Aufhängung. Das Untergestell, bestehend aus zwei langen Bäumen und einer Achse, ist meist weiß, seltener schwarz oder dunkelgrün, bei holländischen Sjezen dunkelrot mit Gold verziert. Man vermutet, daß der Farbunterschied sich von einer Sommersjees (weiß) und einer Wintersjees (schwarz) ableiten läßt. Es gibt jedoch auch Stimmen, die das weiße Gestell einfach als Modeerscheinung sehen.

Zusammen mit den weißen Rädern, den weißen Leinen und Strangen und der weißen Unterlage am Bruststück, bildet das Fahrzeug einen prächtigen Farbkontrast zu dem schwarzen Pferd. Sogar die Kopfstücke der Pferde waren früher noch mit vielen, kleinen, weißen Muscheln verziert. Das schmale Bänkchen ist aus zweifach gebogenen Brettern elegant geformt und reichhaltig verziert. Auch die Stoffbespannung und die losen Kissen sind prunkvoll mit Bordüren und Quasten gestaltet. Interessant ist auch, daß die bis zu 1,50 Meter hohen Räder unten enger stehen als oben. Der Unterschied kann bis zu 25 Zentimeter betragen. Wahrscheinlich baute man die Wagen so, damit die Insassen nicht mit von den Rädern hochgewirbelter Erde verschmutzt wurden, denn Kotflügel gab es keine. Es wird sogar angenommen, daß die Sjezen in ihrer überlieferten Form in Holland entstanden sind, da Leeuwarden als Hofsitz der Friesischen-Nassauer das kulturelle Leben stark beeinflußte (1584-1747) und in jenen Zeiten zu den bekanntesten Wagenbauzentren gehörte.

Jede Sjees ist Maßarbeit, es existieren keine zwei, die gleich sind. In Friesland, Nord-Holland und Westfriesland kamen sie häufig vor. Es gab sogar kleine Sjezen, die von einem Pony gezogen wurden. Königin Wilhelmina besaß als Kind einen solchen Wagen, der nun im Museum von Leek neben anderen zu besichtigen ist. In Friesland wurden diese Wagen sogar Mitte des 19. Jahrhunderts noch gebaut. Selbst in diesem Jahrhundert sind noch einige neue Wagen nach allen Regeln der überlieferten Handwerkskunst entstanden. Es ist selbstverständlich, daß dabei exakt nach alten Formen gearbeitet wird. Besonders das Biegen des Holzes für die Bank ist nicht einfach.

Die meisten dieser prachtvollen antiken Fahrzeuge sind auch heute noch wohlgehüteter Familienbesitz. Einige gehören dem FPS oder dem Friesischen Museum. Sie werden in den Sommermonaten ausgeliehen und im Winter gewartet, falls nötig restauriert. Das „Friesische Sjezen Stammbuch" hat die Aufgabe, die Wagen zu registrieren. Sie werden exakt vermessen, beschrieben und bekommen Nummern und Namen, z.B. De Gouden Sjees (Die goldene Chaise) FSS Nr. 5. Diese Nummer wird auf einem Kupferschild von 5 x 10 Zentimeter links unter der Bank befestigt.

Die zierliche Friesische Sjees ist unverzichtbar für das Vorbringen eines Friesischen Pferdes. Allerdings dürfen Dame und Herr die Bank nur besteigen, wenn sie auch in original Friesische Kostüme gekleidet sind. Das sind keine besondere Landestrachten, sondern mehr eine der Mode um 1860 entsprechende Kleidung. Die Dame trug damals ein knöchellanges Kleid, verziert mit einer geklöppelten Schürze und einem großen Spitzenkragen. Auffallend war besonders das goldene Ohreisen, das der größte Wunsch eines jeden erwachsenen Mädchens war, mit wunderschön verzierten Goldknöpfen an beiden Seiten des Kopfes, worauf man ein elegantes Spitzenhäubchen setzte.

Die berühmte GOLDEN SJEES NR.5, eine der seltenen schwarzen Kutschen. Deutlich ist auf diesem Foto die lederne Aufhängung der Bank zu erkennen und die aufwendige Bemalung. Auf dieser Sjees für 1959 die damalige Kronprinzessin Beatrix anläßlich des 80jährigen Bestehens des Friesenstammbuchs eine Ehrenrunde.

Der Herr dagegen war mit einem schwarzen Anzug bekleidet, mit Knickerbockerhosen, unter denen er hellblaue, gestrickte Strümpfe trug. Seinen Kopf bedeckte ein Zylinderhut. Zu jener Zeit waren die Bauern verhältnismäßig wohlhabend. Später, als schlechtere Zeiten kamen, mußte so manches Ohreisen verkauft werden, um die Familie ernähren zu können. Die goldenen Knöpfe jedoch blieben im Familienbesitz. Sie setzte man kurzerhand auf kupferne Ohreisen, damit die „Schande" nicht so offensichtlich wurde.

Die meisten Zuschauer, die sich an dem bunten Bild der friesischen Sjezen erfreuen, sei es bei Fahrturnieren, beim Auftreten der Friesischen Quadrille oder beim Ringstechen, machen sich keine Gedanken, wieviel Arbeit in diesen Kostümen steckt.

Und so mag der Leser am Ende dieses Kapitels verwundert feststellen, daß sich der Gebrauch der stolzen Rappen aus Friesland früher wie heute eigentlich nur wenig verändert hat. Vielleicht ist an die Stelle der harten Arbeit in der Landwirtschaft die Leistung im Sport getreten, doch erfreuen sich die Menschen seit jeher am exotischen Aussehen dieser Pferde, an ihrem freundlichen Charakter und an ihrem stolzen Auftreten. Das dies inzwischen weltweit geschieht, schenkt den Friesischen Pferden eine gesicherte Existenz und macht die Züchter in Friesland stolz auf das Pferd ihrer Scholle.

Augen auf beim Friesenkauf

Tips für alle, die ein Friesenpferd erwerben möchten

Es besteht kein Zweifel: Friesenpferde sind „in“. Immer mehr Pferdeliebhaber möchten einen Friesen besitzen. Die Zucht erlebt zur Zeit eine unverhoffte Blüte und das Angebot an Friesenpferden nimmt mehr und mehr zu. Selbst im Kleinanzeigen-Dschungel der Tageszeitungen tauchen die stolzen Schwarzen schon hin und wieder auf.

Es gibt auch beim Friesenpferd viele verschiedene Typen. Dieser junge Wallach (Bild unten) kann sein andalusisches Erbe nicht verleugnen.

Dies mag zunächst von Vorteil sein. Die Preise, die aufgrund von Angebot und Nachfrage bis in schwindelerregende Höhen geklettert waren, kommen langsam wieder auf ein normales Maß herunter. Trotzdem sind zwischen zehn- und fünfzehntausend Mark für ein Gebrauchspferd, wie es auf dem Markt verlangt wird, immer noch normal und für viele Friesenliebhaber ein großes Hindernis.

Erster Eindruck

Bei solchen Summen sollte es selbstverständlich sein, beim Kauf einen Fachmann, meist einen Tierarzt, der später auch die Ankaufuntersuchung machen kann, hinzuzuziehen. Man macht einen Termin mit dem Verkäufer aus und bringt viel Zeit mit. Zunächst betrachtet man das stillstehende Pferd von allen Seiten, um einen ersten Eindruck zu gewinnen. Es geht dabei um Geschlecht, Alter, Stockmaß, Futterzustand, die Behaarung, tragend oder nicht tragend, Pflegezustand der Hufe und Ähnliches mehr. Auch die rassetypischen Proportionen erkennt man bei dieser ersten Beurteilung: Das Verhältnis zwischen Stockmaß, Brustbreite und Brusttiefe und zwischen Vor-, Mittel- und Hinterhand. Fällt dieser erste Eindruck zufriedenstellend aus, prüft man sehr sorgfältig die Gliedmaßen. Schäden an Knochen und Gelenken durch zu frühen oder zu intensiven Gebrauch sind jedoch äußerlich häufig nicht erkennbar und können nur durch den Tierarzt beurteilt werden, eine sichtbare Galle ist dagegen manchmal nur ein Schönheitsfehler.

Der Charakter

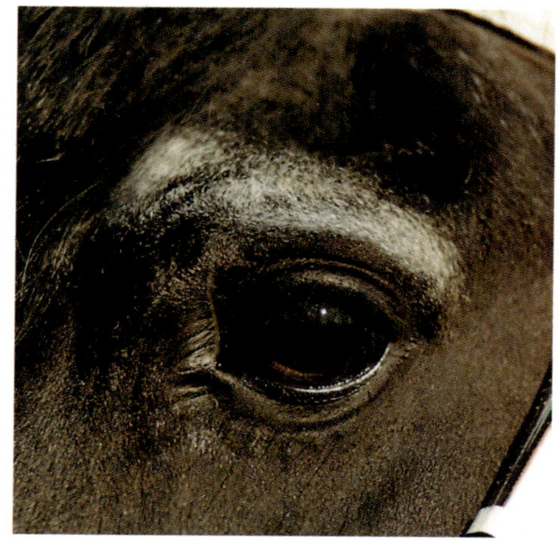

Am Auge erkennt man schon so manche Charaktereigenschaft des Pferdes.

Ist die Untersuchung bis hier zu unserer Zufriedenheit ausgefallen, sollten wir den Charakter des Tieres mit einbeziehen. Man klopft dem Pferd auf den Hals und achtet auf die Reaktion in seinen Augen. Die Augen sind der Spiegel der Seele, sagt ein Sprichwort. Pferde mit kleinen Augen, die desinteressiert an uns vorbeischauen, sind oft dumm, abgestumpft oder eigensinnig oder gar alles zusammen. Große Augen dagegen haben viel Ausdruck - sie können aber auch ängstlich blicken. Im Idealfall schaut uns „unser“ Pferd neugierig, aufmerksam und lieb an. Besonders temperamentvolle Sportpferde haben einen brutalen, wilden Augenausdruck, gelegentlich kann das Weiße im Augenwinkel sichtbar werden. Diese Pferde sind nichts für Jugendliche und dürften auch einem erwachsenen Freizeitreiter oder Fahrer, der sich beim Umgang mit Pferden nur erholen will, zuviel Mühe bereiten.

DIE BEWEGUNG

Nun lassen wir uns das Pferd in der Bewegung vorführen. Zunächst im Schritt. Dabei achten wir darauf, daß wir das Pferd in drei Phasen gezeigt bekommen: Einmal sollte es von uns weggeführt, einmal von der Seite und einmal auf uns zukommend beobachtet werden. Am besten geschieht dies auf hartem Boden, Unregelmäßigkeiten und Unkorrektheiten im Gangwerk, verursacht durch Fehlstellung der Gliedmaßen oder sogar durch Lahmheit, fallen hier am deutlichsten ins Auge. Den Schritt kann man nur richtig beurteilen, wenn das Pferd ruhig und entspannt ist. Er sollte korrekt, raumgreifend und energisch sein, wobei auch das Friesenpferd mit seinen Hinterhufen deutlich über die Spur des Vorderfußes hinaustreten sollte. Die Bewegungen sollten regelmäßig sein, mit links und rechts gleichlangen Schrittphasen, wobei die Vorderhufe auf gerader Linie von hinten nach vorne geführt werden, ohne Schlenker nach außen. Dieses Phänomen, das sogenannte Bügeln, wird im Trab noch stärker sichtbar, weil es durch den nach außen fliegenden Kötenbehang noch unterstrichen wird. Dies sieht nicht schön aus und kann zu frühen Verschleißerscheinungen führen.

Um die Kniescheibe zu überprüfen, lasse man das Pferd einige Schritte rückwärts und dann sofort wieder vorwärts führen. Beim erneuten Anführen achte man sehr genau darauf, ob der erste Schritt der Hinterbeine regelmäßig ist. Auch einige scharfe Wendungen sollte der Verkäufer mit dem Pferd im Schritt vorführen. Genieren wir uns nicht, dem Verkäufer genaue Anweisungen zu geben, was wir

Den Schritt kann man nur beurteilen, wenn das Pferd ruhig und entspannt ist.

Friesenpferde zeigen im Trab eine höhere Knieaktion. Wichtig ist jedoch auch, auf die Aktion der Hinterhand zu achten.

Der Galopp wird beim Friesenpferd mehr gesprungen.

sehen wollen und ihn eventuell die eine oder andere Prüfung auch noch einmal wiederholen zu lassen, wenn wir uns nicht ganz sicher sind.

Für den Trab gilt im Grunde das gleiche, was auch schon zum Schritt gesagt wurde: Die Schritte sollten regelmäßig und korrekt sein. Schon kleinste Unvollkommenheiten im Bewegungsapparat können zu Unregelmäßigkeiten im Bewegungsmechanismus führen. Diese sind jedoch nur dann zu erkennen, wenn das Pferd sich ruhig und entspannt bewegt. Auch sollte unser Prüfling die typischen steppenden Bewegungen seiner Rasse besitzen und eine deutliche Knieaktion zeigen. Dabei achte man besonders auch auf die Hinterhand, die ebenfalls hoch angehoben werden und weit unter dem Körper erst auffußen sollte.

Zum Schluß lassen wir uns das Pferd noch im Galopp zeigen. Für ein Fahrpferd kommt dieser Gangart nicht so viel Bedeutung zu, bei vielen Friesen ist der Galopp deshalb etwas kurz und zu wenig ausgreifend. Es gibt jedoch durchaus Exemplare mit gutem Raumgriff, die dann besonders für den Gebrauch als Reitpferde prädestiniert sind. Erfahrungen haben gezeigt, daß Friesenpferde im Schritt und besonders im Trab einen schnelleren Rhythmus haben als andere Rassen. Trägt man diesem höheren Grundtempo auch im Galopp zu Beginn der Ausbildung Rechnung, so findet der Friese sehr bald schon zu einem taktreinen raumgreifenden Vorwärtsgehen, aus dem sich dann ein ruhiges Arbeitstempo entwickeln läßt.

Nun haben wir unseren Friesen also im Stand und in der Bewegung begutachtet, zum Schluß wäre es bei einem volljährigen, ausgebildeten Reit- oder Fahrpferd noch erforderlich, es sich unter dem Sattel oder im Geschirr vorführen zu lassen und auch selber auszuprobieren.
Bei wirklichem Kaufinteresse läßt man sich nun noch die Papiere zeigen und kontrolliert die Zungennummer, handelt Preis und Übergabe aus und ist ab sofort stolzer Besitzer eines Friesenpferdes.

Das Kreuz mit der Liebe

Voll erwischt!

So sollte es sein! Doch nach meinen Erfahrungen gehen gerade bei dieser Rasse die meisten Käufer von einem ersten spontanen Eindruck aus. Sie sehen das Pferd und sagen: Dies oder keines! Oft entscheidet nur das Herz und nicht der Verstand über den Erwerb eines Friesenpferdes. Und ich muß gestehen, daß „Liebe auf den ersten Blick“ bei dieser Rasse jeden ziemlich heftig erwischen kann. Trotzdem sollten wir uns nicht so sehr gehen lassen, daß wir blauäugig alles für bare Münze nehmen, was uns vom Verkäufer zugesichert wird. Auf keinen Fall darf man auf eine gründliche Ankaufuntersuchung durch einen Tierarzt verzichten.

Am besten wird vertraglich festgehalten, daß die Ankaufuntersuchung im gegenseitigen Einverständnis geschieht und bei negativem Ausgang die Kosten zu Lasten des Verkäufers gehen und der Kaufpreis bei Rückgabe des Pferdes erstattet werden muß. Sollte der Tierarzt Fehler an Lunge, Herz, Augen, Gelenken oder Knochen feststellen, so ist dies die letzte Möglichkeit, viel Geld zu sparen. Fällt jedoch alles zu unserer Zufriedenheit aus, so ist die erste Hürde auf dem Weg zum glücklichen Friesenbesitzer endlich genommen: Wir haben ein Pferd gekauft.

Kennenlernen

Doch nun kommt die zweite, beinahe noch wichtigere Phase der Eingewöhnung.

Damit Sie Ihren Friesen besser verstehen lernen, muß ich noch einmal einen kurzen Sprung zurück zu seinen Wurzeln machen:

Das Friesenpferd besitzt, nicht nur ein auffallendes Exterieur, sondern auch einen ganz eigenen Charakter, den es sich durch jahrhundertelange Reinzucht bewahren konnte. Es verbindet in herausragendem Maße Temperament mit Ehrlichkeit, es ist menschenfreundlich und neugierig, lernwillig und fleißig und ausgesprochen sensibel und einfühlsam. All diese Eigenschaften machten es zu einem idealen Arbeitspartner in der Landwirtschaft: Es lernte leicht, arbeitete gern, war sanft und freundlich im Umgang und zeigte feuriges Temperament, wenn man es von ihm forderte. Doch man darf dabei nicht vergessen, daß diese Pferde damals einer harten Auslese unterworfen waren.

Zu jenen Zeiten entschied meist schon das Geschlecht des Fohlens, ob es als Fleischlieferant nach Belgien oder Frankreich exportiert wurde, was damals den meisten Hengstfohlen vorherbestimmt war. Für den Landwirt war nur ein Stutfohlen von Bedeutung. Falls es nicht als Fohlen einen neuen Stall fand, wurde es selber aufgezogen, um dann im Alter von zweieinhalb Jahren in der Arbeit auf dem Hof unterrichtet zu werden. Dies geschah zunächst neben einem älteren, erfahrenen Pferd, später dann auch im Einspännergeschirr. Und auch für die Stuten spielte nun der Pferdemetzger manchmal Schicksal, nämlich immer dann, wenn das junge Pferd eben nicht den guten Charakter seiner Rasse zeigte und nicht willig mitarbeitete.

Das ideale friesische Arbeitspferd war außerdem noch hochprämiert bei der Stuteneintragung, hatte einen berühmten Stammbaum und brachte jedes Jahr ein Fohlen. Solche Pferde wurden ein Leben lang nicht verkauft.

Im Idealfall lebt das Friesenpferd im Offenstall, dessen Auslauf jedoch gut befestigt sein muß, damit er nicht ständig im Schlamm watet.

Diese Dinge sollte der Käufer eines Friesenpferdes bedenken und berücksichtigen. Er sollte dem Tier Zeit lassen, sich an die neuen Menschen und die neue Umgebung zu gewöhnen. Dazu ist es wichtig, zunächst einmal alles zu vergessen, was unser neues Pferd schon gelernt hat. Also packen wir Sattel oder Geschirr am besten für ein paar Wochen in die Sattelkammer und fangen wieder ganz von vorne an. Im Idealfall steht das Pferd bei uns am Haus im Stall und wird vom Besitzer und dessen Familie eigenhändig versorgt. Dieser tägliche Umgang kann die Eingewöhnungsphase enorm verkürzen.

Vorsichtig und ruhig putzen und misten wir unser Pferd. Wir verlieren nicht die Geduld, wenn unser freundliches Bemühen nicht sofort von Erfolg gekrönt wird. Es gibt Friesenpferde, die auf einen Stallwechsel so aggressiv reagieren, daß wir zunächst noch nicht einmal die Box betreten können. Wichtig ist, daß wir viel sprechen, damit es sich an unsere Stimme gewöhnt. Wir bleiben immer freundlich und ruhig. Die tägliche Körperpflege ist ein wichtiger Schritt zum gegenseitigen Kennenlernen, deshalb wird sie besonders gründlich durchgeführt. Verzweifeln wir nicht, wenn unser Pferd uns sogar nach Wochen der Eingewöhnung immer noch die Kehrseite zudreht, wenn wir uns seiner Box nähern. Denken wir an das, was wir beim Verkäufer gesehen und geprüft haben. Und wenn unser Pferd uns dann eines Tages beim Füttern über die Boxtür entgegenblickt und zur Begrüßung wiehert, so ist das Schlimmste überstanden.

Erste Ausflüge

Jetzt machen wir uns in vielen Spaziergängen mit der Umgebung vertraut. Je mehr wir das Gefühl bekommen, unser Pferd verläßt sich auf uns, desto mehr Freiheit können wir ihm lassen. Wie wär's mit einem Nachmittag im Gras auf der Weide? Drängen wir uns nicht auf, haben wir Geduld, bis unser Pferd von allein unsere Nähe sucht.

Der erste Ausritt mit dem neuen Pferd: Endlich ist der Tag gekommen, wo wir den Sattel wieder auspacken und diese alte, stolze Pferderasse in vollen Zügen genießen.

Dann ist der Tag gekommen, wo wir Sattel und Geschirr wieder auspacken können, um alle Vorzüge dieser stolzen und liebenswerten Rasse in vollen Zügen zu genießen. Vielleicht wird es nun ein wenig verständlicher, warum ich persönlich den Käufer, der mit dem Herzen entscheidet, bevorzuge. Wer sein Pferd liebt, versteht und ihm verzeiht, ist geduldig und verständnisvoll und kann sich über jeden noch so kleinen Fortschritt freuen. Auf dieser Basis kann das Friesenpferd seinen einmaligen Charakter voll entfalten: Wie ein Hund schließt es sich treu seinem Herrn an, folgt ihm vertrauensvoll überall hin und ist stets fleißig bemüht, alles richtig zu machen. So erklärt es sich auch, daß die Arbeit mit Hengsten bei dieser Rasse so problemlos ist.

Man hüte sich jedoch davor, dieses Vertrauen zu mißbrauchen. Menschenfreundlich kann auch ein Friese nur sein, wenn der Mensch freundlich ist. Wer sein Pferd nur als Sportgerät betrachtet, seinen Friesen als Prestigeobjekt mißbraucht, ihn vielleicht sogar bei der Arbeit überfordert, der wird über kurz oder lang keine Freude mehr an ihm haben und hätte besser gleich die Finger davon lassen sollen.

Warnung

Allen wahren Liebhabern dieser Rasse muß ich raten: Laßt die Finger von einem Pferd, wenn über die Herkunft nichts bekannt ist oder wenn es bereits durch mehrere Hände gegangen ist.

Kauft lieber ein Friesenfohlen, denn schlechte Erfahrungen und böse Erlebnisse vergißt ein Friesenpferd nicht. Ein fairer Verkäufer wird seinem Kunden ein Pferd, das zum Beispiel einen schweren Unfall im Geschirr hatte, nur als Reitpferd anbieten und ihm auch klipp und klar sagen, daß er es nicht anspannen soll.

Ein Fohlen ist für viele Friesenkäufer der finanzielle Ausweg, denn die Preise für erwachsene und ausgebildete Pferde sind hoch.

Friesenzuchtstuten mit ihren Fohlen in Luhmühlen.

Ein bekannter Züchter und Halter von Friesenpferden in Holland war bei einer Kutschfahrt zu nahe ans Wasser geraten. Der Wagen rutschte ab und stürzte in den Graben. Sein Pferd wurde hinabgerissen und wäre beinahe ertrunken. Es ließ sich später von seinem Herrn wieder gut fahren, aber nur auf glatten, befestigten Wegen. Sobald die Kutsche auch nur ein wenig in Schräglage kam, war das Tier in seiner Panik kaum zu bändigen. Die neue Besitzerin des Pferdes, eine Reiterin, denkt nicht im Traum daran, es anzuspannen, weil sie von dem Unfall weiß und kein Risiko eingehen möchte.

Es ist also äußerst wichtig, die Vorgeschichte des Pferdes zu kennen. Sonst erscheinen Friesenpferde mit traumatischen Erlebnissen in der Vergangenheit ungerechterweise als „Spinner". Aber: Keine Angst beim Friesenkauf! Schauen Sie sich die Vorbesitzer des zukünftigen Pferdes an und interessieren Sie sich für den Lebenslauf des Pferdes.

Falls Ihnen der Händler oder Verkäufer anbietet, das Pferd notfalls zu tauschen - lassen Sie gleich die Finger davon. Denken Sie noch mal darüber nach, eventuell ein Fohlen zu kaufen. Hier haben wir die Gewißheit, daß es all seine Erfahrungen in unserer Obhut macht. Preise ab 3.000,- Mark für ein Hengstfohlen bringen vielen Friesenliebhabern den Traum vom eigenen Pferd ein Stück näher.

Holen Sie sich über die im Anhang verzeichneten Zuchtverbände Adressen von Züchtern. Besonders dann, wenn Sie ein Stutfohlen oder eine Stute für die Verwendung in der Zucht erwerben möchten. Sie erhalten von diesen Vereinen nicht nur seriöse Adressen sondern auch umfangreiche Informationen und freundliche Betreuung.

Damit sich unser Friese wohlfühlt

SPEZIFISCHE TIPS ZUR FRIESEN-HALTUNG

FÜTTERUNG UND HALTUNG

Das Friesenpferd ist in seiner ursprünglichen Form ein mittelgroßes Warmblutpferd mit einem Stockmaß zwischen 1,55 Meter und 1,60 Meter. Blättert man in alten Stutbüchern, fällt auf, daß die meisten Pferde ein Stockmaß von ungefähr 1,55 Meter hatten. Viele lagen um einiges niedriger, wenige auch darüber. Heute ist ein Stockmaß von 1,60 Meter keine Seltenheit mehr. Der größte Friese, den ich sah, war ein Wallach von 1,80 Meter. Ob das noch zum rassetypische Erscheinungsbild gehört, mag dahingestellt sein.

In jedem Fall sind die kleineren, kompakteren Typen anspruchsloser im Unterhalt und leichtfuttriger. Man kann Friesen durchaus längere Zeit auf der Weide lassen und anschließend ohne Probleme wieder einsetzen. Was natürlich nicht bedeutet, daß Pferd und Weide sich selbst überlassen bleiben. Ungepflegte Wiesen und schlammige Ausläufe sind auch für Friesen nichts. Der ausgeprägte Kötenbehang ist ein guter Schutz gegen Nässe, jedoch nicht gegen ständiges Waten im Matsch.

Weidehaltung und regelmäßiger Auslauf ist das beste für das Friesenpferd - wie für alle Pferde.

Wenn sich erst einmal die nässende und schmerzhafte Mauke in den langen Haaren an den Fesseln eingenistet hat, erfordert das Ausheilen viel Zeit und Aufwand. Bei starkem Befall ist es eventuell ratsam, die Beine zu scheren, um die Krankheit besser behandeln zu können.

In meiner langen Friesenlaufbahn sind mir immer wieder Pferde begegnet, bei denen sich eine maukeähnliche Hautveränderung zeigte, die von den Beinen auf den übrigen Körper übergreifen konnte. Ich erwarb solche Tiere günstig, in der Hoffnung, „das schon wieder hinkriegen“ zu können. Ich mußte jedoch die Erfahrung machen, daß diese Pferde Zeit ihres Lebens eine besondere Pflege brauchten. Waschungen mit Alugan und Defungit waren die Regel, ebenso die ständige Kontrolle des Kötenbehangs. Auffallend war, daß alle Tiere mit diesen Hautproblemen einer bestimmten Blutlinie entstammten. Als dann noch ein Fohlen im zarten Babyalter Schuppen und Krusten im Fell zeigte, habe ich die Tiere aus der Zucht genommen.

Es wäre sicher eine lohnende Aufgabe, herauszufinden, ob diese Neigung zu Hautveränderungen erblich ist oder nur eine Frage von Klima, der Weidezusammensetzung oder der Fütterung.

Friesen reagieren heftig und überempfindlich auf Narkose- und Betäubungsmittel. Weisen Sie Ihren Tierarzt auf jeden

Viele Umweltreize und regelmäßiger Kontakt zum Menschen fördern die Lernbereitschaft des Friesen ganz besonders.

Friesenpferde im Offenstall

Fall auf dieses Phänomen hin, falls es ihm nicht bereits bekannt ist. Es gibt einige, wenige Fälle, bei denen das Pferd nach einer Operation nicht wieder aufwachte. Sollte es einmal nötig sein, Ihr Pferd medikamentös zu beruhigen, so geben Sie höchstens ein Drittel der angegebenen Menge, schließlich soll es ja noch stehen können.

Auch bei der Fütterung stellt das Friesenpferd eigene Ansprüche. Es ist sicher verkehrt, wenn man auf dem Standpunkt beharrt, Friesen brauchen kein Kraftfutter, das gab es schließlich früher auch nicht. Das Friesenpferd ist zweifellos ein guter Raufutterverwerter. Qualitativ hochwertiges Heu sollte in jedem Fall die Hauptfuttergrundlage bilden. Zusätzlich erhalten meine Pferde regelmäßig Möhren und eine fertige Kräutermischung aus dem Handel. Je nach Arbeit fülle ich die Futtermenge mit einem Körner-Mischfutter an, daß zum größten Teil aus Gerste besteht und nur einen geringen Anteil Hafer hat. Ich habe die Erfahrung gemacht, daß zu viel Eiweiß- und Zuckergehalt im Futter bei meinen Pferden zu Schuppen im Fell führte. Seitdem wir das berücksichtigen, haben sie nicht nur nach dem Putzen ein glänzend schwarzes Fell.

Ob ein Friesenpferd auf der Weide im Offenstall gehalten wird oder im Stall in der Box, ist sicher abhängig von den Möglichkeiten des Besitzers. Die gesunde Offenstallhaltung hat für Pferde allgemein viele Vorteile. Zwar muß die Boxenhaltung im Reitstall nicht zwangsläufig eine 23-Stunden-Einzelhaft bedeuten. Aber: Selbst der neugierigste und lernfreudigste Friese stumpft irgendwann einmal ab, wenn sich niemand um ihn kümmert. Das passiert in der Box sicher leichter als auf der Weide.

PFLEGE DES LANGHAARS

Lange Haare müssen gepflegt werden. Viele Friesenbesitzer bürsten ihren Tieren täglich die Haare. Bis ein Mähnenhaar ein Länge von 80 Zentimeter erreicht, vergeht viel Zeit. Und wieviele dieser wertvollen Haare hängen täglich in der Bürste?

Meine Pferde tragen deshalb Zöpfe. Diese werden nur geöffnet, wenn wir eine Schau besuchen, einen Fototermin haben oder alle drei Monate einmal zur Haarwäsche. Dabei ziehe ich behutsam die Strähnen auseinander, mache alles gründlich naß und wasche mit einem milden Pferdespezialshampoo. Nerzöl-Haarwaschmittel für Hunde ist auch eine gute Alternative. Es macht das Haar weich und glänzend. Dann spüle ich sehr, sehr gründlich aus, bis kein Schaum mehr in den Haaren ist. Anschließend wird die Mähne sorgfältig mit Mähnenlotion

Friesenhengst Piebe mit offener Mähne. Solche Haarfülle bedarf natürlich besonderer Pflege.

Piebe mit Zöpfen auf der Weide. Nur so ist ihm das lange Haar beim Grasen nicht hinderlich.

eingesprüht und vorsichtig mit einem Dauerwellenkamm durchgekämmt. Gern benutze ich auch die preiswerten Vollplastik-Haarbürsten, die es in jedem Kaufhaus gibt. Wichtig ist nur, daß die Plastikzähne weit auseinanderstehen. Bitte keinen handelsüblichen Mähnenkamm benutzen. Wenn das Haar dann getrocknet ist, wird es wieder eingeflochten.

So ist es möglich, daß die Stirnlocke weit über den Kopf des Pferdes reicht und die Mähne über einen Meter lang wird, ohne daß das Pferd beim Fressen, auf der Weide oder im Stall behindert wird. Bei extremer Mähnenlänge flechte ich die Mähnzöpfe etwas zurück, damit das Pferd beim Grasen nicht drauftreten kann.

Das Abspritzen

Friesenpferde haben ein äußerst zwiespältiges Verhältnis zum Wasser. Auf dem Boden fürchten sie es, denn in ihrer Heimat sind die Weiden mit sumpfigen Wassergräben unterteilt, die ein Fohlen sehr schnell zu respektieren lernt. Deshalb zeigen wir viel Geduld und Ruhe, wenn wir unserem Friesen das Durchqueren von Pfützen und Bächen beibringen wollen.

Aus dem Schlauch jedoch lieben Friesen das kühlende Naß. Gerade das schwarze Fell heizt sich bei intensiver Sonneneinstrahlung besonders auf und deshalb genießen Friesen einen kühlen Wasserstrahl. Nach einem heißen Tag auf der Weide blieben meine Friesen am Waschplatz einfach stehen und verlangten ihr Bad. Nach einem Ausritt genießen sie die Erfrischung einer kalten Dusche von den Ohren bis zum Schweif sichtlich.

ZU GUTER LETZT

Das Friesenpferd wird bleiben. Daß es vor dem Aussterben endgültig bewahrt wurde, beweisen nicht nur die aktuellen Bestandszahlen (circa 19.000 Tiere) und seine weltweite Verbreitung, sondern auch das rege Interesse und die Nachfrage.

Friesen sind vielseitig verwendbar. Reiten, Fahren, schwerer Zug, ihren Einsatzmöglichkeiten sind bis auf das Springen kaum Grenzen gesetzt. Sicher gibt es immer wieder Tiere, die auf dem einen oder anderen Gebiet größere Begabungen zeigen. Echte Spezialisten gibt es aber nicht. Das war nie das Zuchtziel.

Die Besonderheiten der Friesen liegen in der fremdartigen Erscheinung und in der exotischen Ausstrahlung, die ihren wahren, unverwechselbaren Charme ausmacht - und so soll es bleiben.

Was gibt es Schöneres, als mit einem Friesenpferd die Natur zu erleben, den Wechsel der Jahreszeiten zu spüren, sei es im Sattel oder auf dem Kutschbock.

Denken Sie daran, wenn Sie das nächste Mal einem dieser stolzen Rappen begegnen, oder wenn Sie gleich im Stall oder auf der Weide Ihr eigenes Friesenpferd besuchen: Dies ist nicht einfach nur ein Pferd, sondern ein Stück lebendig gewordene Geschichte, das die Züchter in Friesland mit ihrem Stolz und ihrer Hartnäckigkeit bewahrt haben. An dieser Legende können wir uns heute erfreuen.

Grüßen Sie Ihren Friesen von mir!

Friesen auf der Weide mit Fohlen.

Friesen in der Wintersonne

Anschriften der Zucht-verbände

Geschäftsstelle des FPS
Koninklijge Vereinigung
„Het Friesche Paarden-Stamboek“
Ing. S.H. de Boer
Postlaan 1a
NL - 9204 WT Drachten
Tel. 0031 5120 23888

Deutschland

Deutsche Friesenpferde-Züchter
im FPS e.V (D.F.Z.)
Horst Eberhardt
Breite Steinstr. 9
D - 37186 Mohringen
Tel. 05554 2457

Österreich

Freunde des Friesenpferdes
Österreich (F.F.Ö.)
K. Elsenwenger
Eugenbach 3
A - 5301 Eugendorf
Tel. 06212 82140

Schweiz

Friesenpferde-Verband Schweiz (F.V.S.)
R. Rüsch-Perk
Im Ebnet 12
CH - 8427 Rorbas
Tel. 0865 3208

Weitere Verbände / Deutschland

Friesenpferde-Zuchtverband e.V. (FPZV)
staatlich anerkannte Züchtervereinigung
Büro: Gut Brückenhaus
D - 40822 Mettman
Tel. 02058 72901

Bibliographie

G.J.A. Bouma	Het Friese Paard, 1979
E. Dijkstra	Het Friese Paard, 1988
E. Dijktra	Friese Stamhengsten sinds 1879, 1981
R. Geurts	Merriestammen van het Friese Paard, 1989
R. Geurts	Het Friese Paard- Overzicht von Merrie-Stammen, 1964
N.J. Barones van Heemstra	Het Friese Paard, 1961
Koninklige Paarden	FPS 110 jaar, 1990
A. Raupach	Vom Kauf eines Friesenpferdes, DFZ, Heft 1, 1993
A Raupach	Das Friesenpferd, DFZ, Heft 2, 1993
Wonter Slob	Het Friese Paard, 1963

Periodica:

Phryso	Organ des FPS in Holland, erscheint monatlich Deutsche Ausgabe beim DFZ drei- bis viermal jährlich
Der Friesenbrief	Organ des FPZV, erscheint monatlich
Friesenjournal	Sonia Verlag, Köln, Tel. 0221 7 60 72 60 erscheint vierteljährlich (Verbandsungebunden)